Neeraj Vishwakarma
Prabhat Diwan
D.C. Jhariya

Manual de Rochas Ígneas

Neeraj Vishwakarma
Prabhat Diwan
D.C. Jhariya

Manual de Rochas Ígneas

ScienciaScripts

Cover image: www.ingimage.com

This book is a translation from the original published under ISBN 978-620-2-19985-8.

Publisher:
Sciencia Scripts
is a trademark of
Dodo Books Indian Ocean Ltd. and OmniScriptum S.R.L publishing group

120 High Road, East Finchley, London, N2 9ED, United Kingdom
Str. Armeneasca 28/1, office 1, Chisinau MD-2012, Republic of Moldova, Europe
Printed at: see last page
ISBN: 978-620-8-06974-2

Conteúdo

Prefácio

A petrologia ígnea é um ramo central das ciências da terra que se ocupa da origem, ocorrência, classificação, composição e distribuição das rochas ígneas na crosta terrestre. Vários livros sobre diferentes aspectos das rochas ígneas foram já publicados por diversos autores. O objetivo deste livro é fornecer os conceitos fundamentais das rochas ígneas aos estudantes das disciplinas de Geologia, Engenharia Civil e Engenharia de Minas. O livro guiá-los-á na identificação das rochas no campo e no laboratório ao microscópio. Tentámos simplificar o livro para que um principiante o possa compreender facilmente. Para o efeito, o livro é amplamente apoiado por ilustrações.

O livro contém seis capítulos. O primeiro capítulo deste livro apresenta uma breve introdução às rochas ígneas. O segundo capítulo discute a ocorrência de rochas ígneas sob várias formas em diferentes locais da crosta terrestre. O terceiro capítulo aborda o conhecimento sucinto de vários esquemas de classificação. As várias texturas importantes, normalmente encontradas em rochas ígneas, juntamente com o seu significado petrogenético, foram explicadas no quarto capítulo. Estas foram apoiadas por fotografias de campo e microfotografias. O quinto e o sexto capítulos apresentam uma descrição megascópica e microscópica de algumas rochas ígneas comuns, respetivamente, com a ajuda de imagens de espécimes de mão e microfotografias.

As amostras de rocha e secções finas utilizadas neste livro pertencem ao Departamento de Geologia Aplicada, Instituto Nacional de Tecnologia de Raipur, Chhattisgarh, Índia. Algumas fotografias de arquivo, espécimes de mão e secções finas pertencem ao Dr. Neeraj Vishwakarma. As fotomicrografias foram tiradas com o microscópio Carl Zeiss Axioscpe A1 Pol no departamento.

Agradecemos vivamente todas as sugestões para melhorar o conteúdo deste livro.

Neeraj Vishwakarma

Prabhat Diwan

D. C. Jhariya

Agradecimentos

É difícil expressar adequadamente o nosso apreço por toda a assistência que recebemos durante a redação deste livro. Estamos muito gratos ao Departamento de Geologia Aplicada do Instituto Nacional de Tecnologia de Raipur, Chhattisgarh, Índia, por nos ter disponibilizado as instalações, ou seja, amostras de rocha, secções finas de rochas e microscópio de polarização, uma vez que estas foram a espinha dorsal deste livro.

Gostaríamos de expressar o nosso profundo sentimento de gratidão ao nosso querido professor Dr. P. O. Alexander, Professor Reformado, Departamento de Geologia Aplicada, Universidade Dr. Hari Singh Gour, Sagar (M.P.), que desenvolveu o nosso interesse neste domínio. O autor Neeraj Vishwakarma deseja exprimir o seu profundo sentimento de gratidão ao Dr. Harel Thomas, pela inspiração e encorajamento constantes.

Estamos também muito gratos aos nossos alunos, que são os verdadeiros arquitectos, que nos inspiraram a escrever este livro. Foi graças à sua interação e discussão que conseguimos encontrar o âmbito deste livro. Os nossos sinceros agradecimentos vão também para os Srs. Abinash Sahu e Sagar Misra pelo seu trabalho dedicado até ao fim para fazer deste um livro interessante e informativo.

Neeraj Vishwakarma

Prabhat Diwan

D. C. Jhariya

Capítulo - 1 Introdução às Rochas Ígneas

1.1 Introdução:

A petrologia é definida como o ramo principal da GEOLOGIA, que se ocupa do estudo das rochas. O termo petrologia deriva da palavra grega *"petra"* que significa rochas e *"logous"* que significa estudo, pelo que a petrologia se ocupa do estudo sistemático das rochas, abrangendo a sua classificação, origem e ocorrência. As rochas são massas sólidas que ocorrem naturalmente e são conhecidas como um agregado de minerais. Os minerais são os constituintes essenciais de todas as rochas e são definidos como substâncias sólidas naturais, que têm uma composição química fixa, uma estrutura atómica definida e são essencialmente formados por processos inorgânicos. As diferentes rochas podem também ser originadas através de diversos processos geológicos que, normalmente, estão em funcionamento no sistema terrestre desde a sua origem.

Toda a crosta terrestre é constituída por uma variedade de rochas. Com base na sua origem, as rochas podem ser classificadas em três grupos distintos: Rochas ígneas,

Rochas sedimentares e rochas metamórficas. Entre estas, as rochas ígneas são as únicas rochas que se cristalizaram diretamente a partir da fusão (Magma ou Lava) e são designadas por rochas primárias. A formação de rochas ígneas é um dos processos mais antigos e primários da Terra, que desempenhou um papel fundamental no crescimento e evolução da Terra sólida. As restantes rochas sedimentares e metamórficas derivam geralmente das rochas pré-existentes (ígneas, sedimentares ou metamórficas) da crosta terrestre, através de diferentes processos geológicos. Assim, os estudos pormenorizados das rochas são essenciais para compreender os processos geológicos que têm estado em funcionamento desde o início da Terra. Estes processos geológicos não só desempenham um papel fundamental na formação de diferentes rochas da crosta terrestre, como também esclarecem a origem dos depósitos minerais económicos e a sua distribuição na crosta terrestre. Para além do acima referido, os materiais rochosos são também utilizados como pedra de construção e como agregado para a construção. As rochas também servem de base sólida para suportar a carga das estruturas pesadas, ou seja, grandes edifícios, pontes, barragens, auto-estradas, centrais eléctricas, etc.

A palavra ígnea deriva da palavra latina *"ignis"* que significa *"pertencente ao fogo"*. As rochas ígneas são formadas pela solidificação do magma ou da lava, que é definida como o material rochoso fundido (silicato fundido). Quando este material rochoso fundido ocupa o interior da crosta terrestre é designado por magma, enquanto que quando sai para a superfície terrestre é designado por lava. Como as rochas ígneas se cristalizam diretamente a partir do material rochoso fundido, apresentam uma interligação dos grãos minerais constituintes. Esta caraterística fornece uma pista fundamental para diferenciar as rochas ígneas das rochas sedimentares e metamórficas. Nas rochas ígneas, os grãos estão interligados e apresentam geralmente uma orientação aleatória. O contorno dos grãos permanece geralmente irregular (Figura 1.1).

Figura 1.1 - Superfície polida de uma placa de granito. Note-se o entrelaçamento e o contorno irregular dos grãos.

No caso das rochas sedimentares, os grãos arredondados a angulares assentam na matriz e, tanto os grãos como a matriz ligam-se com o cimento. Aqui o contorno dos grãos permanece suave e os grãos podem ser facilmente separados (Figura 1.2).

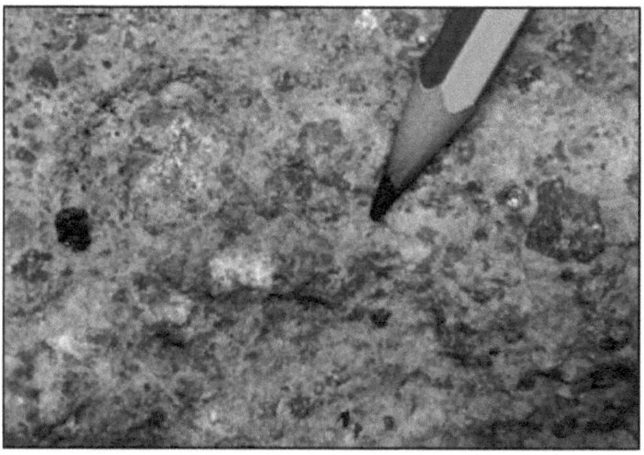

Figura 1.2 - Rocha sedimentar clástica mostrando a relação entre os grãos e a matriz.

No entanto, nas rochas metamórficas, os grãos também apresentam um fenómeno de interligação, mas o tecido pode desenvolver-se devido à deformação. Os grãos estão normalmente alinhados paralelamente num plano que permanece perpendicular à direção da tensão máxima (Figura 1.3).

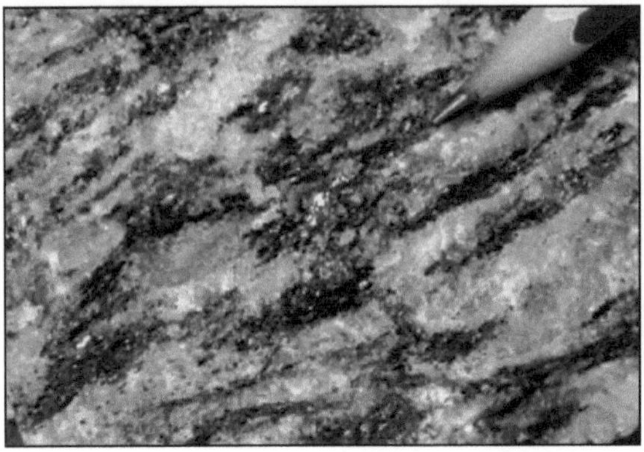

Figura 1.3 - Rocha metamórfica mostrando a interligação e a orientação preferencial dos grãos.

Com base na origem das rochas ígneas, ou seja, a profundidade na crosta terrestre onde ocorreu a cristalização, as rochas ígneas podem ser agrupadas em três grupos distintos: rochas plutónicas, hipabissais e vulcânicas. Quando o magma cristaliza em profundidade, formam-se rochas de grão grosseiro devido à lenta taxa de arrefecimento; estas rochas são designadas por rochas plutónicas. O granito, o sienito, o gabro e o piroxenito são alguns exemplos de rochas plutónicas. Quando o magma sai para a superfície da terra através de fissuras e vulcões, é designado por lava. Quando esta lava se solidifica na superfície da terra, são produzidas rochas de grão muito fino ou vítreas, devido ao rápido arrefecimento da lava. Estas rochas são designadas por rochas vulcânicas. O riolito, o basalto, o traquito, o andesito e o komatiito são alguns exemplos de rochas vulcânicas. Durante o movimento ascendente desde as profundezas até à superfície da terra, o magma intrude as rochas do país ao longo das fissuras e dos planos de fraqueza. Nestas circunstâncias, o magma solidifica-se na crosta perto da superfície, a uma velocidade de arrefecimento intermédia e produz rochas de grão médio, conhecidas como rochas hipabissais. A dolerite é um exemplo clássico deste tipo de rocha. A Figura 1.4 ilustra a origem das rochas plutónicas, hipabissais e vulcânicas em vários locais da crosta terrestre.

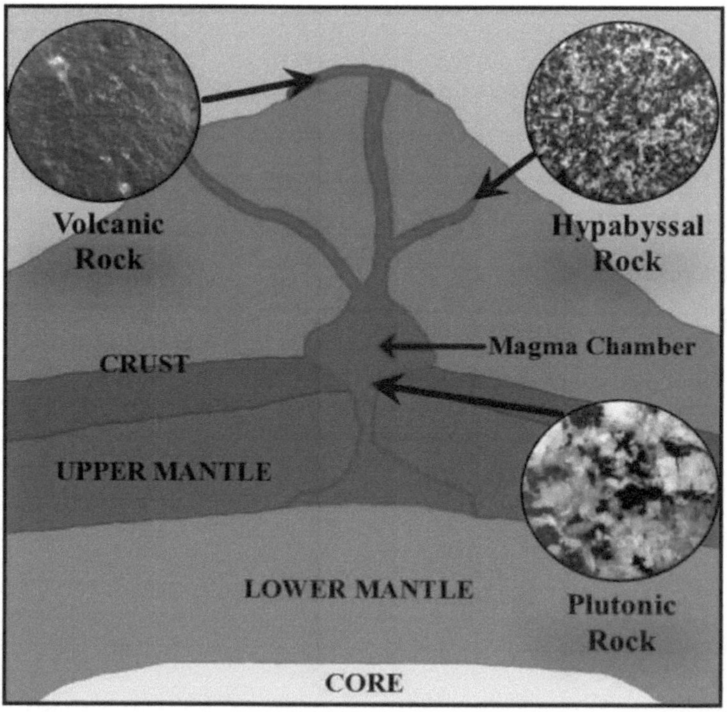

Figura 1.4 - Diagrama esquemático mostrando a ocorrência de rochas plutónicas, hipabissais e vulcânicas na crosta terrestre.

Capítulo - 2 Formas de Rochas Ígneas

2.1 Introdução:

Como já foi referido no capítulo anterior, as rochas ígneas cristalizaram-se diretamente a partir do magma ou da lava, em diferentes locais da crosta terrestre. Na natureza, as rochas ígneas ocorrem em várias formas, tamanhos e dimensões, que dependem dos seguintes factores

1. O seu modo de formação
2. Propriedades físico-químicas do magma ou da lava
3. A sua relação mútua com as rochas circundantes.

Com base no modo de formação e na sua relação com as rochas do campo, as rochas ígneas podem ser agrupadas em duas categorias distintas:

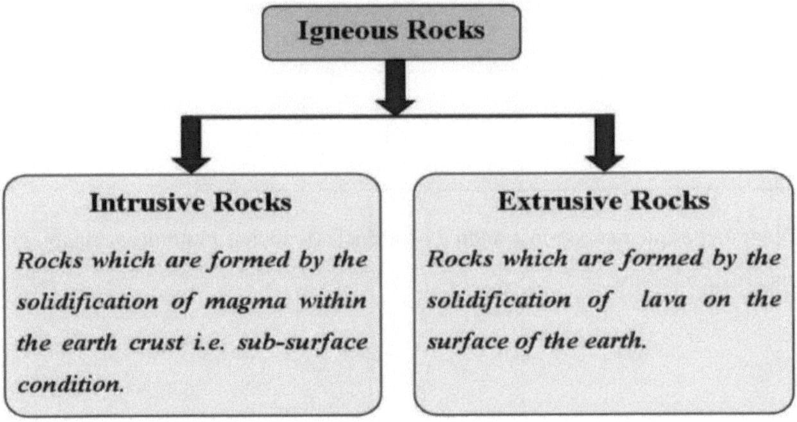

As rochas ígneas extrusivas estão normalmente associadas à atividade vulcânica e às erupções do tipo fissural. Todos os tipos de rochas vulcânicas e rochas vulcano-sedimentares pertencem a esta categoria. As formas extrusivas mais comuns de rochas ígneas são:

1. **Forma de escoamento:** Camadas subparalelas de diferentes fluxos de lava; indicam os diferentes impulsos das erupções vulcânicas.

Exemplo - riolito bandado.

2. **Lava rugosa:** A baixa viscosidade da lava favorece uma grande mobilidade, o que produz rugas na superfície da lava.

Exemplo - lava de Pahoehoe.

3. Lava em blocos: A alta viscosidade da lava favorece a baixa mobilidade, o que produz a natureza em blocos da lava.

Exemplo - Aa lava.

4. Lava em almofada: Estrutura semelhante a uma almofada bulbosa, formada pela erupção submarina de basalto rico em Na.

Exemplo - Spilite.

Por outro lado, as rochas plutónicas e hipabissais pertencem à categoria das rochas ígneas intrusivas, que se formam através da colocação de magma nas rochas do campo. Com base nas relações transversais entre o magma e as rochas do interior, as rochas intrusivas podem ainda ser agrupadas em duas divisões:

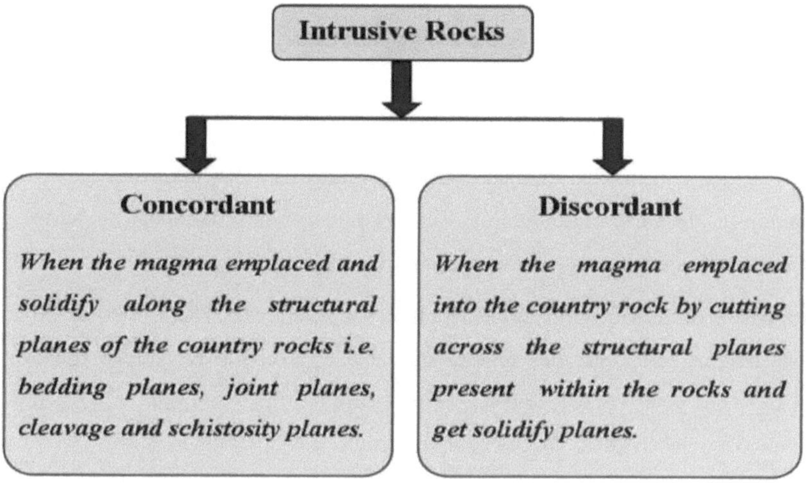

Com base nas ocorrências, as diferentes formas das rochas ígneas intrusivas são tabuladas abaixo:

Formas Concordantes	Formas discordantes
1. Peitoril 2. Laccolith 3. Lopólito	1. Dique 2. Batólito

4. Phacolith	

2.2 Formas Concordantes:

1. **Soleira -** As soleiras são corpos finos, semelhantes a folhas, que permanecem paralelos à estrutura planar das rochas do país, ou seja, plano de assentamento, plano de xistosidade / clivagem, plano de junção e inconformidade. Não tem uma dimensão específica. A sua forma depende do espaço disponível no interior da rocha em que ocorrem. As soleiras são geralmente produzidas pela fusão com baixa viscosidade e elevada taxa de propagação. As soleiras são geralmente de composição dolerítica, no entanto, o lamprófiro também foi registado como soleira.

2. **Laccolito -** Os laccolitos são corpos concordantes em forma de cogumelo com fundo plano e convexo para cima. Os lacólitos formam-se quando um magma viscoso é injetado ao longo dos planos de assentamento das rochas do país e empurra as rochas sobrepostas para cima. A alta viscosidade e a baixa taxa de espalhamento produziram esta forma localmente. Os lacólitos são geralmente de composição ácida a intermédia.

3. **Lopólito -** Os lopólitos são grandes corpos concordantes em forma de pires / funil, geralmente associados a bacias estruturais. Têm um fundo convexo descendente. A sua dimensão estende-se até vários quilómetros. Têm geralmente uma composição básica a ultramáfica e estão normalmente associados a complexos estratificados.

4. **Facólito -** Os facólitos são geralmente encontrados em estratos de rocha dobrada. Aqui, a colocação de magma tem lugar nas regiões da calha e da crista dos corpos rochosos dobrados. Pensa-se que a sua colocação é sin-tectónica em relação à deformação. O sienito, o sienito nefelínico e o gabro são as rochas habitualmente associadas aos facólitos.

2.3 Formas discordantes:

1. **Diques -** Os diques são corpos ígneos intrusivos em forma de lençol que atravessam a descontinuidade estrutural presente nas rochas do país. Estes são geralmente de composição dolerítica a basáltica e podem cortar a rocha em qualquer ângulo. A espessura do dique varia de alguns centímetros a centenas de metros, enquanto o comprimento à superfície se estende de alguns metros a vários quilómetros. Os diques ocorrem normalmente em grupos e são designados por enxames de diques e encontram-se geralmente de forma paralela e radiada. Os diques representam a zona de extensão da crosta e são utilizados como marcadores para a

estabilização do cratão. Quando um grupo de diques ocorre de tal forma que o seu afloramento se aproxima da forma de um círculo, então é chamado de dique em anel. As chapas cónicas são massas inclinadas de espessura relativamente pequena com uma geometria descendente semelhante a um cone.

2. **Batólito -** Os batólitos são corpos de rocha ígnea plutónica extremamente grandes de composição granítica a granodiorítica. Trata-se de uma estrutura sem raízes, de forma irregular e de grandes dimensões (mais de 100 quilómetros quadrados). Os seus lados afastam-se uns dos outros e, à medida que descemos, vão-se alargando até uma profundidade desconhecida. São formadas em condições profundas e expostas à superfície da terra através da erosão.

Chapter - 3 Classificação das Rochas Ígneas

3.1 Introdução:

As rochas ígneas são também designadas por rochas primárias, uma vez que se cristalizam diretamente a partir do fundido (magma ou lava). É evidente que quase dois terços da crosta terrestre são constituídos por rochas ígneas. Existem muitas variedades de rochas ígneas na natureza, pelo que, para uma melhor compreensão, é essencial classificá-las de acordo com as necessidades. Os geólogos classificam as rochas ígneas com base nos parâmetros geológicos, enquanto os engenheiros civis e mineiros as classificam de acordo com as propriedades de engenharia das rochas ígneas. A classificação de engenharia das rochas ígneas está para além do âmbito deste livro. Aqui estamos a discutir apenas a classificação geológica das rochas ígneas. Geologicamente, as rochas ígneas são geralmente classificadas com base nos seguintes parâmetros geológicos importantes:

1. Origem e modo das ocorrências
2. Cor das rochas
3. Caraterísticas texturais
4. Composição mineralógica
5. Composição química

3.2 Classificação com base na origem e no modo de ocorrência:

Com base na origem e no modo de ocorrência, as rochas ígneas podem ser classificadas em duas categorias principais, ou seja, intrusivas e extrusivas. As rochas intrusivas são aquelas que se formam pela cristalização do magma abaixo da superfície terrestre, enquanto as rochas extrusivas se formam pela solidificação da lava à superfície terrestre. As rochas intrusivas incluem as rochas plutónicas e hipabissais, enquanto as rochas vulcânicas são rochas extrusivas.

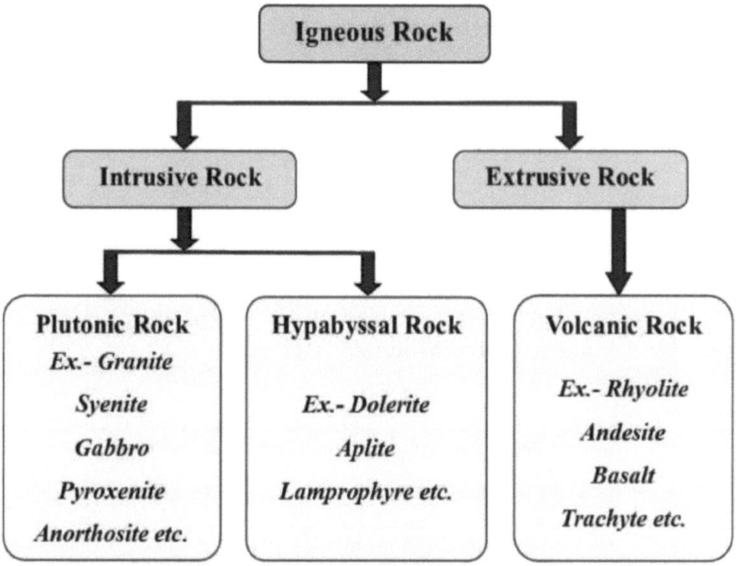

3.3 Classificação com base na cor da rocha:

A cor das rochas depende da cor dos constituintes minerais presentes nas rochas. Geralmente, os minerais félsicos são de cor clara e os minerais máficos são de cor escura. A presença destes minerais em diferentes proporções na rocha provoca uma variação na cor da rocha. Os índices de cor são geralmente utilizados para medir a cor de qualquer rocha e são geralmente expressos em valores numéricos. Varia de 0 (cor clara) a 100 (cor escura). De acordo com a cor, as rochas podem ser classificadas como:

Category	Colour Index	Mineral Present	Examples
Leucocratic	0 ↑	Felsic	***Granite***
Mesocratic	↕	Felsic + Mafic	***Gabbro***
Melanocratic	↓ 100	Mafic	***Pyroxenite***

3.4 Classificação baseada em caraterísticas texturais:

As texturas são caraterísticas importantes de qualquer rocha ígnea. A textura inclui geralmente a dimensão dos grãos e as relações mútuas entre eles. A dimensão dos grãos nas rochas ígneas é função da taxa e da profundidade de arrefecimento da massa fundida, bem como das caraterísticas físico-químicas da massa fundida. Com base na dimensão dos grãos, as rochas ígneas são geralmente classificadas em várias categorias. As terminologias mais frequentemente utilizadas são

Categoria	Descrição	Exemplos
Fanerítica	Os grãos são facilmente identificáveis a olho nu. Por vezes, é também utilizada uma lente manual.	***Granito*** ***Gabro***
Afanítico	Os grãos são demasiado pequenos e identificáveis ao microscópio.	***Basalto riolítico***
Vidro	Não aparecem cristais/grãos, apenas existe material vítreo.	***Obsidiana***

Para além da classificação acima referida, é apresentada a seguir outra classificação importante das rochas ígneas, baseada nas texturas. Depende do tamanho dos grãos e do modo de ocorrência.

1. **Rochas plutónicas** - Rochas de grão grosseiro, formadas em condições de profundidade, devido a uma taxa de arrefecimento lenta.

Exemplo - Granito, Gabro

2. **Rochas hipabissais** - Rochas de grão médio, formadas por intrusão perto da superfície terrestre, devido a uma taxa intermédia de arrefecimento.

Exemplo - Dolerite

3. **Rochas vulcânicas** - Rochas de grão fino a muito fino, formadas à superfície da terra, devido a um arrefecimento rápido.

Exemplo - Rhyolite, Basalto

3.5 Classificação com base na composição mineralógica:

Os minerais são os principais constituintes de qualquer rocha ígnea e a sua presença na rocha pode variar de uma rocha para outra, mesmo a sua proporção também varia. Existem vários esquemas para a classificação das rochas ígneas com base na composição mineral. Estes esquemas são muito simples e fáceis de classificar, mesmo através do exame visual das rochas em amostras de mão ou mesmo no campo, diretamente nos afloramentos. Todos os minerais que formam as rochas são classificados em dois grupos distintos: minerais félsicos (ricos em Na, K, Ca, Al) e minerais máficos (ricos em Fe, Mg). Geralmente, os minerais félsicos são de cor clara e os minerais máficos são de cor escura. Com base na proporção relativa de rochas félsicas e máficas nas rochas, as rochas ígneas são classificadas da seguinte forma

Categoria	**Minerais**	**Exemplos**
Rochas Félsicas	Minerais predominantemente félsicos	***Granito*** ***riolito***
Rochas Mafelsianas	Minerais félsicos com pequena quantidade de minerais máficos.	***Sienito*** ***Andesite***
Rochas máficas	Predominam os feldspatos e os minerais máficos.	***Gabro*** ***Basalto***
Rochas Ultramáficas	Dominância de minerais máficos.	***Peridotite*** ***Komatiite***

Outra classificação mineralógica baseia-se na presença de sílica livre em termos do grupo de minerais de quartzo. Shand (1913) e Holmes (1917) classificam as rochas ígneas com base na saturação de sílica (ou seja, presença de minerais do grupo do quartzo nas rochas). De acordo com esta classificação, as rochas ígneas podem ser agrupadas nas seguintes categorias

Categoria	**Observação**	**Exemplos**
Rochas saturadas de sílica	Quantidade excessiva de quartzo com feldspatos.	***Granito, diorito, riolito***
Sílica **Saturado** **Rochas**	Pequena quantidade de quartzo com feldspato e piroxénio.	***Gabro, Basalto, Delerite***
Rochas subsaturadas de	Não há quartzo. Apenas feldspato e	***Nefelina Sienito,***

sílica	piroxénio com nefelina, olivina, lucite	***Peridotite, Piroxenito***

As recomendações e a classificação da IUGS (1973) para as rochas ígneas é a classificação amplamente aceite em todo o mundo e a mais utilizada atualmente. Foi elaborada por Le Bas e Streckeisen (1991). Os pormenores de tais classificações são muito bem explicados por Le Maitre *et al.* (2002) no seu livro intitulado Igneous Rocks, A Classification and Glossary of Terms.

3.6 . Classificação com base na composição química:

No início, as rochas ígneas eram classificadas com base nas relações no terreno, nas ocorrências e nos seus exames megascópicos e microscópicos. Com o avanço das instalações analíticas, a química das rochas também foi envolvida na classificação das rochas ígneas, uma vez que toda a química da rocha ígnea está diretamente relacionada com a composição do magma a partir do qual foi cristalizada. O esquema mais amplamente aceite para classificar as rochas ígneas com base na química é o teor total de sílica (SiO_2) das rochas. De acordo com este esquema, as rochas ígneas são classificadas nas seguintes categorias

Categoria	**SiO2 total na rocha**	***Exemplos***
Rochas ácidas	>66%	***Granito, riolito***
Rochas intermédias	52 - 66%	***Diorite, Andesite***
Rochas básicas	45 - 52%	***Gabro, Basalto***
Rochas ultrabásicas	< 45%	***Peridotite, Piroxenite***

Por vezes, a química também se associa à mineralogia para classificar as rochas ígneas e é geralmente designada por classificação químico-mineralógica. Os esquemas mais utilizados nesta categoria são

1. **Classificação de Niggli:** Inclui a determinação dos valores de Niggli das rochas a partir da análise química de toda a rocha.

2. **Classificação Normativa CIPW:** Envolve o cálculo de minerais normativos para rochas a partir da análise química de toda a rocha.

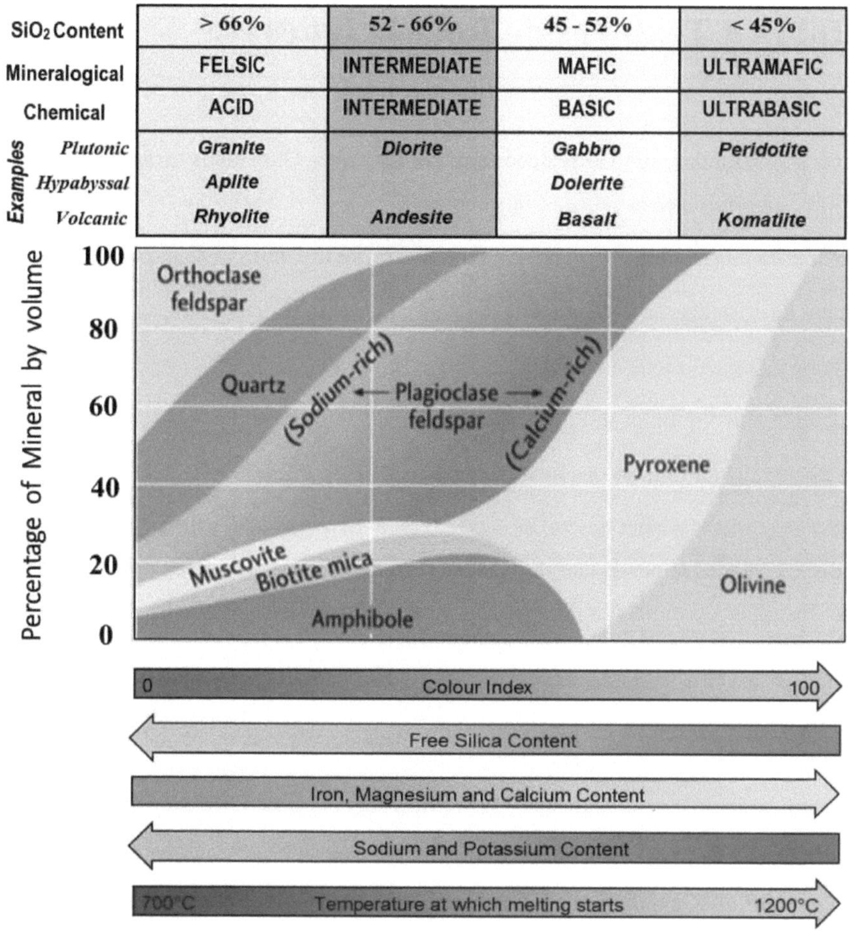

Figura 3.1 - Panorâmica da classificação das rochas ígneas *(modificado de https://sites.google.com/site/mrpenaclevelandhs/igneous-rock-table).*

Capítulo - 4 Texturas de Rochas Ígneas

4.1 Introdução:

As texturas são definidas como as relações mútuas dos grãos. Os estudos texturais de rochas ígneas fornecem informações valiosas, tais como:

1. Cinemática do crescimento do cristal durante a cristalização
2. Ordem de cristalização dos minerais
3. História da cristalização das rochas
4. Ambiente físico-químico em que a rocha se cristalizou a partir da fusão.
5. Arrefecimento subsolidus das rochas, etc.

As texturas são utilizadas para descrever o aspeto geral de uma rocha com base no tamanho, forma e disposição dos minerais entrelaçados. A textura refere-se ao grau de cristalinidade, à dimensão dos grãos e às relações geométricas entre os minerais constituintes de uma rocha. Existem numerosos parâmetros que definem as texturas das rochas ígneas e que são os seguintes

4.1.1 Cristalinidade:

Define a medida do grau de cristalização. Os termos seguintes são utilizados para explicar a cristalinidade das rochas:

(i) ***Holocristalino*** - Quando as rochas são compostas inteiramente por cristais (Figura 4.1). Indica uma taxa de arrefecimento lenta do magma/lava, que cria vários centros de núcleos para favorecer o crescimento completo dos cristais.

Exemplos - Todas as rochas plutónicas, ou seja, granito, gabro, sienito, etc.

Figura 4.1 - Espécime de rocha granítica holocristalina.

(ii) ***Hipocristalino (Merocristalino)*** **-** Quando uma rocha contém tanto vidro como cristais (Figura 4.2). Dá uma pista sobre a taxa de arrefecimento inicial lenta do magma/lava que favorece a formação de cristais, seguida da taxa de arrefecimento rápido do magma/lava para formar o vidro.

Exemplos - Rochas vulcânicas, ou seja, riolito, traquito, basalto, etc.

Figura 4.2 - Espécime de rocha basáltica hipocristalina.

(iii) ***Holohayline*** **-** Quando as rochas são totalmente compostas por vidro (Figura 4.3). Sugere uma taxa de arrefecimento rápida do magma/lava (arrefecimento por têmpera). Não permite o crescimento de cristais.

Exemplos- Obsidiana.

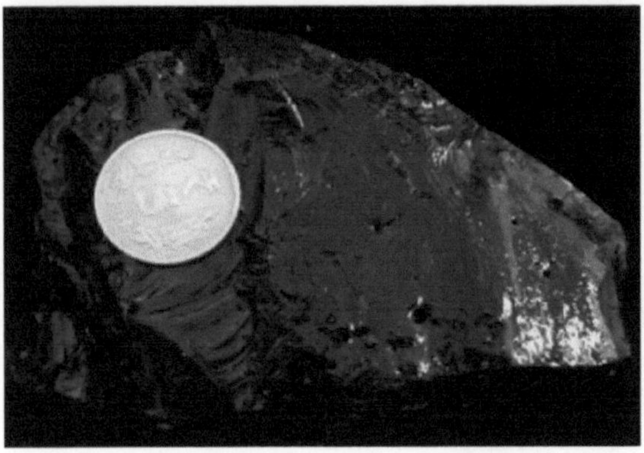

Figura 4.3 - Espécime de obsidiana holohalina.

4.1.2 Granularidade:

Define o tamanho dos grãos, ou seja, o diâmetro médio dos cristais. Em geral, o tamanho dos grãos nas rochas ígneas varia de menos de 0,01 mm a alguns metros. A granularidade das rochas ígneas é geralmente controlada pelo comportamento de cristalização da massa fundida, pelo ambiente físico-químico em que a cristalização tem lugar, pela composição da massa fundida, etc. Os vários factores importantes que controlam o tamanho do grão nas rochas ígneas são os seguintes

1. A taxa de arrefecimento do magma/lava está geralmente relacionada com a formação de núcleos de cristais. Uma taxa de arrefecimento lenta favorece a formação de grãos de grandes dimensões nas rochas.

2. A maior taxa de difusão das moléculas na massa fundida favorece a formação de cristais grandes.

3. Um aumento da viscosidade da massa fundida diminui o tamanho dos grãos nas rochas.

4. A presença de voláteis na massa fundida afecta a viscosidade que controla diretamente o tamanho do grão.

5. Com o aumento do número de componentes químicos na massa fundida, o número de cristais precipitados também aumenta por unidade de volume e o tamanho do grão diminui.

6. Com a diminuição da concentração molecular na massa fundida, o tamanho do grão também diminui.

Para definir a granularidade das rochas ígneas, utilizam-se habitualmente as seguintes terminologias:

(i) ***Fanerítica*** **-** Quando os grãos são suficientemente grandes para serem identificados a olho nu (Figura 4.4). Por vezes também se utiliza a lente manual. Estes grãos formam-se sob uma taxa de arrefecimento lenta. Exemplos - Rochas plutónicas como o granito, gabro, sienito, piroxenito, etc. e rochas intrusivas como os pegmatitos.

Figura 4.4 - Espécime de rocha com carácter fanerítico.

(ii) ***Afanítico*** **-** Quando os grãos são demasiado pequenos e não podem ser identificados mesmo com a utilização de uma lente manual. Mas com a ajuda do microscópio, os grãos podem ser identificados (Figura 4.5). Este tipo de condição formou-se sob arrefecimento rápido ou de têmpera. Exemplos - Rochas hipabissais, ou seja, dolerite, aplitos, etc.

Figura 4.5 - Espécime de rocha com carácter afanítico.

(iii) ***Criptocristalino*** **-** Por vezes os grãos são demasiado pequenos e não podem ser distinguidos mesmo com um simples microscópio petrológico. Nestas condições, são utilizados microscópios de maior ampliação (Figura 4.6). Exemplos - Todas as rochas vulcânicas, ou seja, riolitos, andesitos, traquitos, basaltos, etc.

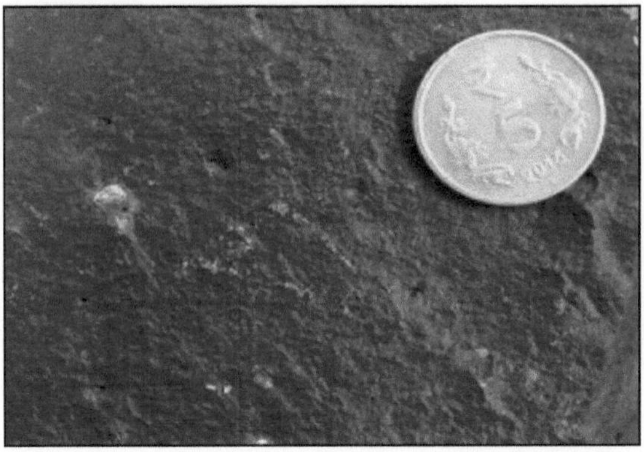

Figura 4.6 - Espécime de rocha mostrando a natureza criptocristalina.

De acordo com o tamanho médio dos grãos nas rochas ígneas, o tamanho dos grãos pode ser classificado como:

1. Granulação fina: < 1 mm - Forma-se em condições à superfície ou próximas da superfície devido ao arrefecimento rápido do magma/lava (condição vulcânica).

2. Grão médio: 1 a 5 mm - Desenvolvido a pouca profundidade na crosta terrestre com uma taxa de arrefecimento intermédia (condição hipabissal).

3. Grão grosseiro: 5 mm a 3 cm - Desenvolvido em condições de profundidade, taxa de arrefecimento lenta do magma (condição plutónica).

4. Granulado muito grosseiro: > 3 cm - Forma-se sob arrefecimento intrusivo de uma fusão siliciosa rica em hidrotermal (estado pegmatítico).

4.1.3 Forma dos cristais:

A forma dos grãos de minerais é geralmente definida como o contorno dos minerais. Está principalmente relacionada com a estrutura atómica e a disposição dos iões na rede cristalina. A forma dos minerais constituintes das rochas ígneas não é apenas controlada pelo hábito cristalino do mineral individual, mas também depende do ambiente físico-químico em que a cristalização estava a decorrer. Em geral, o mineral que cristaliza mais cedo na fusão parece euédrico em comparação com os minerais que cristalizam mais tarde. A concentração molecular e a taxa de difusão dos iões na massa fundida também desempenham um papel significativo na formação da forma dos minerais. As seguintes terminologias são normalmente utilizadas para descrever a forma dos grãos de minerais em petrografia.

(i) ***Euédrico*** - Quando os grãos estão completamente desenvolvidos, ou seja, todas as faces do cristal estão bem desenvolvidas (Figura 4.7). São também designados por cristais Idiomórficos.

Figura 4.7 - Fotomicrografia mostrando cristais euédricos de piroxénio.

(ii) ***Subédrico*** - Quando os grãos são parcialmente desenvolvidos, ou seja, algumas faces do cristal são bem desenvolvidas, enquanto outras são limitadas por superfícies irregulares (Figura 4.8). São também designados por cristais hipidiomórficos.

Figura 4.8 - Fotomicrografia mostrando cristais subédricos de plagioclásio.

(iii) ***Anédrico*** - Quando os grãos são completamente desprovidos de fronteiras cristalinas, ou seja, o cristal é limitado por superfícies irregulares em toda a volta (Figura 4.9). São também conhecidos como cristais xenomórficos.

Figura 4.9 - Fotomicrografia mostrando cristais anédricos de quartzo e microclina

4.1.4 Ordem de cristalização:

Enquanto a cristalização prossegue, os minerais começam a cristalizar a partir da massa fundida. Este processo é controlado pelas condições de temperatura-pressão da massa fundida, pelo ambiente físico-químico e pela composição da massa fundida. Para determinar a ordem correta de cristalização do mineral na rocha, devem ser recordados os seguintes pontos fundamentais.

1. De acordo com a Série de Reação de Bowen, os minerais no topo podem aparecer primeiro na fusão.

2. Quando um mineral está rodeado por outro, o mineral que o envolve é mais jovem.

3. Os primeiros cristais são geralmente euédricos ou, pelo menos, mais próximos disso do que os cristais posteriores.

4. Se os cristais grandes e pequenos aparecerem juntos, os grandes são os que começaram a desenvolver-se primeiro.

4.2 Texturas importantes das rochas ígneas:

As rochas ígneas estão amplamente distribuídas por toda a crosta terrestre e acredita-se que se formaram através de diferentes processos. Por vezes, uma rocha pode ser originada através de uma combinação de diferentes processos. As texturas presentes nas rochas fornecem pistas para compreender estes processos. Basicamente, as texturas são agrupadas em dois grandes grupos: Primárias e Secundárias. As texturas primárias são aquelas que se formam durante os processos de cristalização através da interação entre os minerais e o fundido. Enquanto que as texturas secundárias são as que se podem desenvolver nas rochas depois de terminado o processo de cristalização. Em geral, as texturas presentes nas rochas ígneas podem ser classificadas em duas categorias principais:

(a) Textura Equigranular - Quando os grãos minerais constituintes das rochas são quase semelhantes em tamanho (Figura 4.10).

Figura 4.10 - Espécime de granodiorito com textura equigranular.

(b) Textura Inequigranular - Quando os grãos minerais constituintes das rochas são de tamanhos diferentes (Figura 4.11).

Figura 4.11 - Espécime de granodiorito com textura inequigranular.

4.2.1 Texturas equigranulares:

Quando os grãos minerais são quase semelhantes em tamanho, mas a forma pode variar. Com base na forma dos constituintes minerais das rochas, as texturas equigranulares presentes nas rochas ígneas podem ser classificadas em três categorias:

1. **Textura alotriomórfica -** Aqui todos os grãos minerais constituintes da rocha são quase semelhantes em tamanho e essencialmente anédricos em forma (Figura 4.12). É também designada por textura xenomórfica.

Exemplos - Granito, Aplite

Figura 4.12 - Fotomicrografia de um granito com textura alotriomórfica.

2. **Textura hipidiomórfica -** Na textura hipidiomórfica, os grãos minerais constituintes de uma rocha são quase semelhantes em tamanho e de forma subédrica. Por vezes, uma rocha pode também ser constituída por grãos parcialmente euédricos e parcialmente anédricos (Figura 4.13).

Exemplos - Gabro, Dolerite

Figura 4.13 - Fotomicrografia de dolerito mostrando textura hipidiomórfica.

3. **Textura Panidiomórfica** - É também denominada textura Idiomórfica. Quando uma rocha é inteiramente composta por grãos minerais de tamanhos semelhantes, de forma euédrica (Figura 4.14), é designada por textura panidiomórfica. *Exemplos - Lamprofírio*

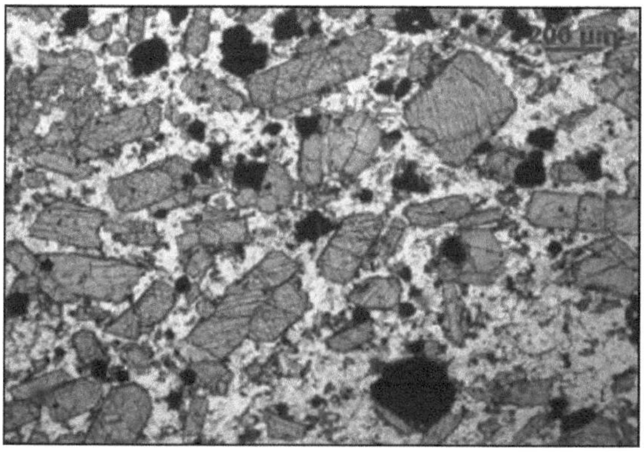

Figura 4.14 - Fotomicrografia de Lamprophyre mostrando textura panidiomórfica.

4.2.2 Texturas Inequigranulares:

Quando existe uma variação distinta no tamanho dos minerais presentes nas rochas. As várias texturas inequigranulares normalmente existentes nas rochas ígneas são as seguintes:

1. **Textura Porfirítica** - Quando os grãos maiores estão embebidos numa matriz de grão mais fino (Figura 4.15 e 4.16). Os grãos maiores são denominados *fenocristais*, enquanto a matriz de grão mais fino circundante é denominada *massa de solo*. Os seguintes critérios são geralmente utilizados para explicar o tamanho dos fenocristais e da groundmass:

Fenocristais		Massa de terra	
Tamanho	**Prazo**	**Tamanho**	**Prazo**
0,03 - 0,3 mm	Microfenocristais	< 1 mm	De grão fino
0,3 - 5 mm	Fenocristais	1 - 5 mm	Grão médio
>5 mm	Megafenocristais	5 mm - 3 cm	Grão grosso
		>3 cm	Grão muito grosseiro

A textura porfirítica encontra-se geralmente em todas as rochas ígneas, mas é mais comum em rochas vulcânicas e hipabissais. A textura porfirítica sugere duas fases diferentes de cristalização da massa fundida, ou seja, a fase inicial (taxa de arrefecimento lenta) forma fenocristais, seguida de uma fase tardia (taxa de arrefecimento rápida) de cristalização da massa fundida que produz o solo. As diferentes taxas de arrefecimento podem ocorrer a diferentes níveis da crosta terrestre ou em diferentes ambientes físico-químicos. Por vezes, a textura porfirítica pode também formar-se numa única fase de cristalização da massa fundida devido à taxa de difusão diferencial e à atividade química diversa dos iões.

Figura 4.15 - Fenocristais de ortoclásio em granito com textura porfirítica.

Figura 4.16 - Fotomicrografia mostrando textura porfirítica em andesito.

2. **Textura Glomeroporfirítica** - Por vezes, nas texturas porfiríticas, os fenocristais ocorrem como um aglomerado dentro da massa de solo de grão fino, e então é denominado como textura glomeroporfirítica (Figura 4.17). O aglomerado de fenocristais é denominado *glomerocristais* que são geralmente rodeados por massas de solo de grão fino. Esta textura sugere uma energia interfacial cristalina-fundida mais baixa do sistema. Pode também esclarecer a composição inicial da massa fundida, bem como as alterações subsequentes na composição da massa fundida através da cristalização.

Figura 4.17 - Fotomicrografia mostrando aglomerados de fenocristais de plagioclásio no basalto dando origem à textura glomeroporfirítica.

3. **Textura Vitrofítica** - Quando os fenocristais estão inseridos numa matriz vítrea, é denominada textura vitrofítica (Figura 4.18). É muito comum nas rochas vulcânicas, particularmente para composição ácida do derretimento, onde a viscosidade é muito alta. Os

fenocristais cristalizam a um nível mais profundo e permanecem suspensos na massa fundida. Quando esta fusão atinge a superfície da terra, através da erupção, forma-se uma massa vítrea devido ao arrefecimento rápido e súbito da fusão.

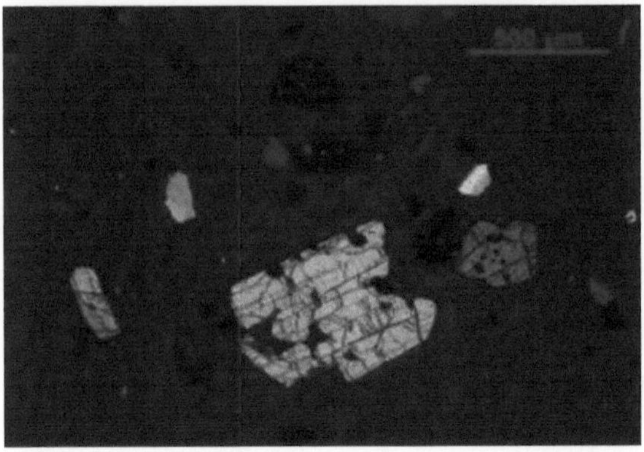

Figura 4.18 - Fotomicrografia mostrando textura vitrofírica em obsidiana.

4. Textura poiquilítica - Na textura poiquilítica, os cristais mais pequenos de outros minerais estão fechados dentro do cristal maior de outro mineral (Figura 4.19 e 4.20). Aqui, os grãos maiores são denominados *Oikocrysts* enquanto os grãos mais pequenos são denominados *chadacrysts*. Esta textura é amplamente utilizada para determinar a ordem de cristalização dos minerais. Os pequenos grãos fechados formaram-se mais cedo, enquanto o grão maior cresce na fase posterior da cristalização. Esta textura pode também desenvolver-se devido à cristalização simultânea de dois minerais com taxas de nucleação e crescimento diferenciadas. O mineral com taxas de nucleação e crescimento mais elevadas forma os oikocristais. Por vezes, numerosos grãos pequenos densamente distribuídos dentro do grão grande dão origem a um aspeto de peneira e são designados como textura de peneira.

Figura 4.19 - Fotografia de campo mostrando pequenos grãos de biotite encerrados no grande grão de feldspato dando origem à textura poiquilítica.

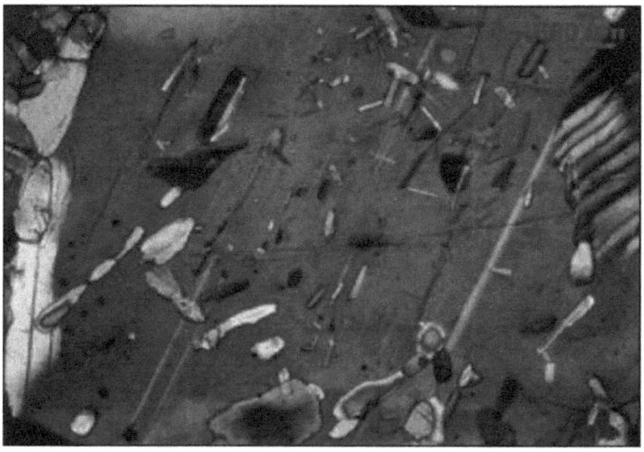

Figura 4.20 - Fotomicrografia mostrando pequenos grãos de mica e quartzo encerrados no grande grão de feldspato produzindo textura poiquilítica.

5. Textura Ofítica - É um tipo de textura poiquilítica, em que pequenas ripas de plagioclásio orientadas aleatoriamente estão completamente fechadas dentro do grão grande de piroxénio (augite) (Figura 4.21). Por vezes, as ripas de plagioclásio estão parcialmente encerradas no grande grão de piroxénio (augite), sendo então designada por textura subofítica (Figura 4.22). Esta é a textura caraterística das rochas doleríticas. As texturas ofítica e subofítica são formadas pela cristalização simultânea da plagioclase e do piroxénio no ponto eutéctico. A proporção relativa de plagioclásio e piroxénio nas rochas fornece pistas sobre a composição da massa fundida. O crescimento diferencial e a taxa de nucleação da plagioclase e do piroxénio podem levar à formação de tais texturas nas rochas.

Figura 4.21 - Fotomicrografia mostrando textura ofítica em gabro.

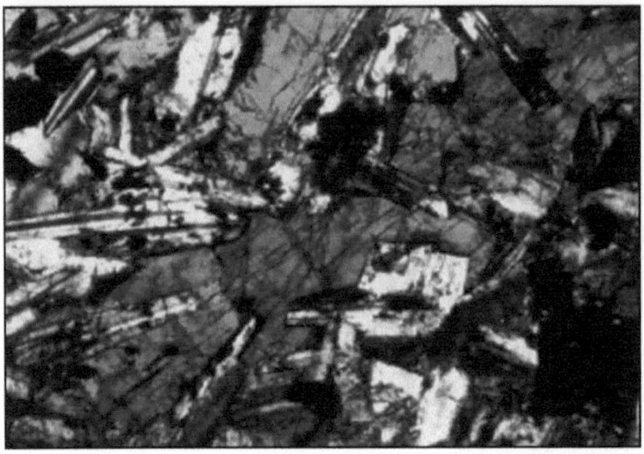

Figura 4.22 - Fotomicrografia mostrando textura subofítica em dolerito.

6. **Textura inter-granular e inter-sertal** - As ripas de plagioclásio são orientadas aleatoriamente nas rochas (basalto e dolerito) e formam espaços intersticiais poligonais, geralmente chamados de *mesostase*, quando a mesostase é preenchida com os cristais granulares anédricos finos de piroxênio, esse tipo de textura é denominado textura inter-granular (Figura 4.23). Quando o material vítreo ocupa a mesóstase, é designado por textura inter-sertal (Figura 4.24). Por vezes, o vidro pode ser substituído por produtos de alteração secundários.

Figura 4.23 -Fotomicrografia mostrando textura intergranular em dolerito.

Figura 4.24 - Fotomicrografia mostrando textura inter-sertal em basalto.

4.3 Outras texturas de rochas ígneas:

Para além destas, existem várias outras texturas que estão normalmente presentes nas rochas ígneas. Estas texturas importantes são as seguintes

4.3.1 Texturas de diretiva:

Estas texturas são também designadas por textura de fluxo (Textura Traquítica), uma vez que preservam a direção de fluxo da fusão e são a textura caraterística das rochas vulcânicas de composição ácida a intermédia (*Exemplo - Traquito*). É formada pelo escoamento da lava durante a solidificação. Aqui os minerais de feldspato já cristalizados permanecem suspensos na massa fundida e dispõem-se de forma paralela a sub-paralela através do fluxo da lava (Figura 4.25).

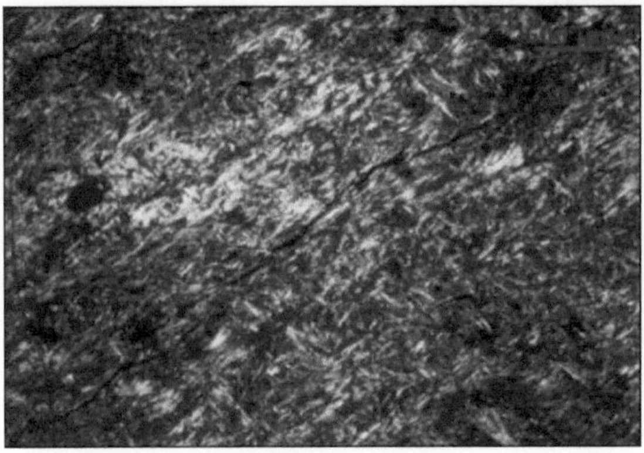

Figura 4.25 - Fotomicrografia mostrando textura traquítica em traquito.

4.3.2 Texturas de inter-crescimento:

Estas texturas são também designadas por simplectites, uma vez que se desenvolvem devido ao intercrescimento de dois minerais numa rocha. As seguintes texturas de intercrescimento são normalmente exibidas por rochas ígneas:

1. **Textura gráfica** - O intercrescimento megascópico entre o quartzo e o feldspato alcalino é conhecido como textura gráfica e é visível a olho nu (Figura 4.26). O quartzo de forma radiada, angular ou bulbosa pode ser intercrescido dentro do feldspato alcalino (ortoclásio ou microclina). Isto pode ter-se formado pela cristalização simultânea do quartzo e do feldspato alcalino sob a influência de uma maior pressão da água na fusão. Pode também desenvolver-se devido à fusão parcial da rocha granítica intrudida por magma máfico. Geralmente, os granitos exibem esta textura e são designados por granito gráfico.

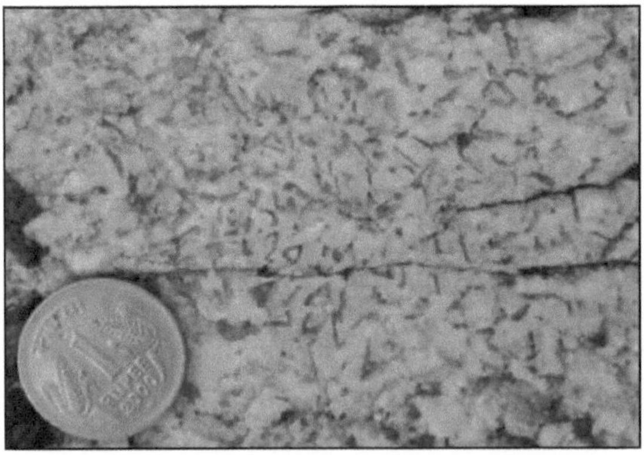

Figura 4.26 - Fotografia de campo mostrando intercrescimento entre quartzo e ortoclásio em pegmatito.

2. **Textura Granofírica** - A textura granofírica é semelhante à textura gráfica e a única diferença é o tamanho. A textura granofítica também se desenvolve normalmente nos granitos. Os intercrescimentos de tamanho fino a médio entre quartzo e feldspato alcalino são conhecidos como textura granofítica e são normalmente visíveis ao microscópio (Figura 4.27). Estes intercrescimentos podem estar presentes em toda a rocha e a rocha é normalmente designada por *Ganophyre*. É comum em alguns micrograntios. Também se origina devido à cristalização simultânea de quartzo e feldspato alcalino, bem como devido à fusão parcial das rochas graníticas perto de intrusões máficas.

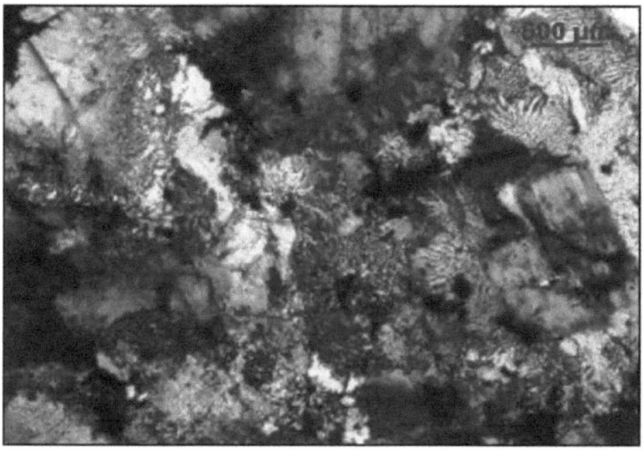

Figura 4.27 - Fotomicrografia mostrando o intercrescimento entre o quartzo e o feldspato alcalino no granito.

3. **Textura mirmequítica** - Os corpos de quartzo em forma de verme / dedo / bulboso / couve-flor, entrelaçados no plagioclásio sódico (geralmente oligoclásio), são designados por mirmequite. Aparece normalmente à escala microscópica em rochas graníticas (Figura 4.28). O crescimento mirmequítico do quartzo encontra-se geralmente associado ao contacto do feldspato alcalino com o feldspato plagioclásio. Estes são formados por processos de substituição pós-magmática. As mirmecitas também se desenvolvem devido a processos metamórficos e estão normalmente presentes nas rochas metamórficas.

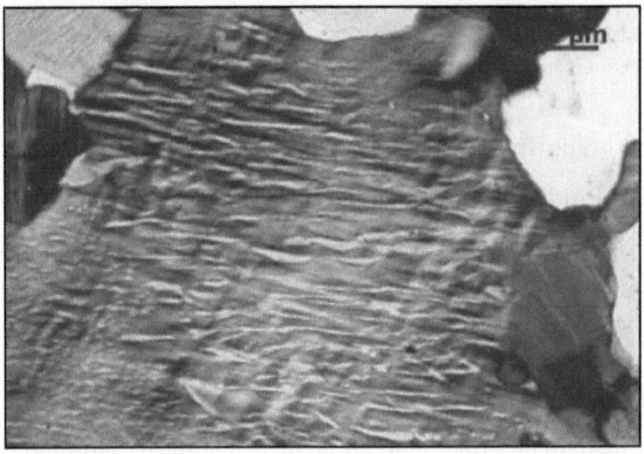

Figura 4.28 - Fotomicrografia mostrando intercrescimento entre quartzo e plagioclásio sódico em granito.

4.3.3 Texturas de ex-solução:

Estes são os tipos de texturas intra-grão. Estas estão geralmente associadas aos dois minerais formadores de rocha mais comuns, ou seja, o feldspato alcalino e o piroxénio. Estas texturas são formadas pelo fenómeno de ex-solução que ocorre normalmente no arrefecimento sub-sólido da rocha sob a influência de P_{H2O} elevado no sistema após a cristalização. Estas texturas são normalmente desenvolvidas nas rochas durante o arrefecimento no estado sólido. Tais texturas são normalmente exibidas pelos pares de minerais que mostram o fenómeno de solução sólida limitada.

1. **Textura Perthita -** É definida por estrias paralelas e bolhas de feldspato rico em Na (albita) dentro de um hospedeiro de feldspato potássico (ortoclásio ou microclina). Aqui a proporção de albita é menor do que a de ortoclásio ou microclina e, portanto, a albita aparece como hóspede enquanto o ortoclásio ou microclina parece hospedeiro (Figura 4.29).

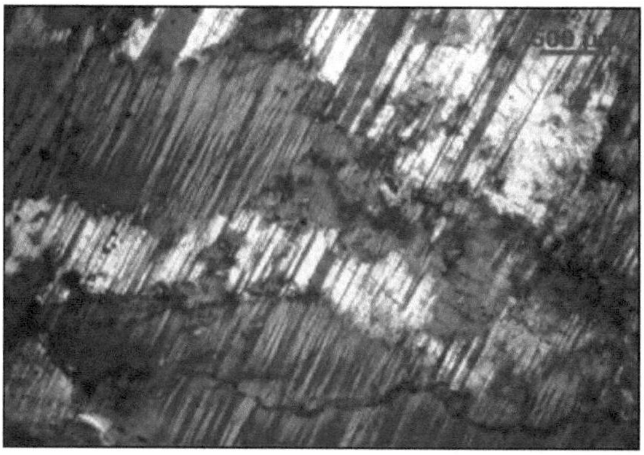

Figura 4.29 - Fotomicrografia mostrando a textura da pertite no granito.

2. **Textura Anti-perthite** - É o inverso da textura perthite. Aqui ocorrem estrias paralelas e bolhas de feldspato potássico (ortoclase ou microclina) dentro do feldspato rico em Na (albite). Aqui a albite aparece como hospedeira, enquanto a ortoclase ou a microclina parecem hóspedes, uma vez que a proporção de albite é maior do que a de ortoclase ou microclina (Figura 4.30).

Figura 4.30 - Fotomicrografia mostrando textura anti-perthite em sienito.

4.3.4 Texturas de reação:

As texturas de reação são formadas pela reação entre minerais já cristalizados e o magma. São também designadas por rebordos de reação, em que um mineral rodeia outro. O mineral formado no início ocupa o núcleo, enquanto o mineral presente na porção do aro se cristaliza mais tarde (Figura 4.31). Por vezes, também existem aros múltiplos. Estas texturas são formadas pela reação entre minerais já cristalizados e o fundido num ponto peritético durante a cristalização.

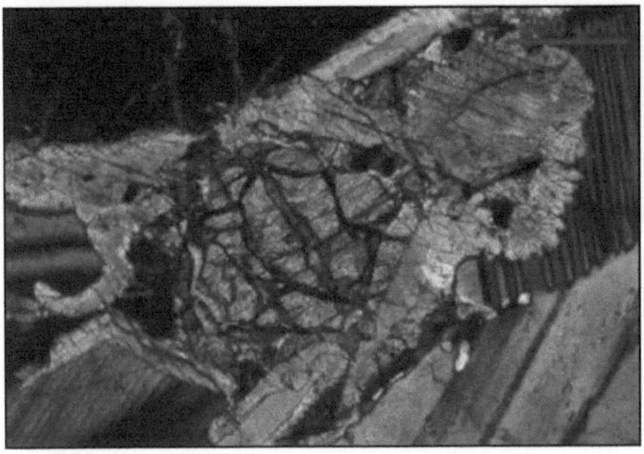

Figura 4.31 - Fotomicrografia mostrando a borda de reação do piroxénio sobre a olivina na rocha gabro.

4.3.5 Rapakivi Textura:

A textura Rapakivi é um tipo de textura orbicular. Nela, grandes grãos (ovóides) de feldspato potássico (ortoclásio) são cobertos por uma fina borda de plagioclásio sódico (oligioclásio) (Figura 4.32). O tamanho do ovoide varia de 5 mm a 5 cm. Estes são normalmente associados a granitos epizonais. Estes são tipicamente desenvolvidos nos granitos pós-orogénicos colocados a um nível pouco profundo na crosta terrestre. Acredita-se que se forma pela mistura de dois magmas diferentes. O crescimento excessivo de oligoclase sobre ortoclase sugere uma mudança abrupta na composição do magma, de ácida para ligeiramente básica e para intermédia. Estas texturas fornecem informações sobre a assimilação do magma.

Figura 4.32 - Fotografia de campo mostrando textura rapakivi em granito.

4.3.6 Cristal Zoning:

A zonação de cristais é normalmente exibida pelos minerais com fenómeno de solução sólida, ou seja, plagioclase, olivina, piroxénio, etc. Na zonação de cristais há uma variação de composição do núcleo para a borda dos cristais (Figura 4.33 e 4.34). A variação da composição pode ser gradual ou abrupta. A zonação pode ser normal, inversa ou oscilatória. No caso de zonação normal, o núcleo é ocupado por minerais de temperatura mais elevada, enquanto o mineral de temperatura mais baixa está presente no bordo. No caso da zonação inversa, a condição é inversa, ou seja, o mineral de temperatura mais baixa no núcleo e o mineral de temperatura mais elevada no bordo. No caso de zonagem oscilatória, a composição das várias zonas flutua de normal para invertida e de invertida para normal. Estes são os resultados da perturbação do equilíbrio químico durante o processo de cristalização.

Figura 4.33 - Fotografia de campo mostrando a zonação em feldspato.

Figura 4.34 - Fotomicrografia mostrando feldspato zonado em andesito.

4.3.7 Spinifex Textura :

A textura Spinifex é definida como o crescimento esquelético da olivina e do piroxénio sob a forma de cristais em forma de lâmina orientados aleatoriamente. Assemelha-se a um ramo de relva (Figura 4.35). A textura Spinifex é muito comum nas rochas vulcânicas de alto teor de Mg, ou seja, na Komatiite dos terrenos de Greenstone do Arqueano. Aqui o núcleo da olivina e do piroxénio permanece oco. É formado pela cristalização de lava de komatiite.

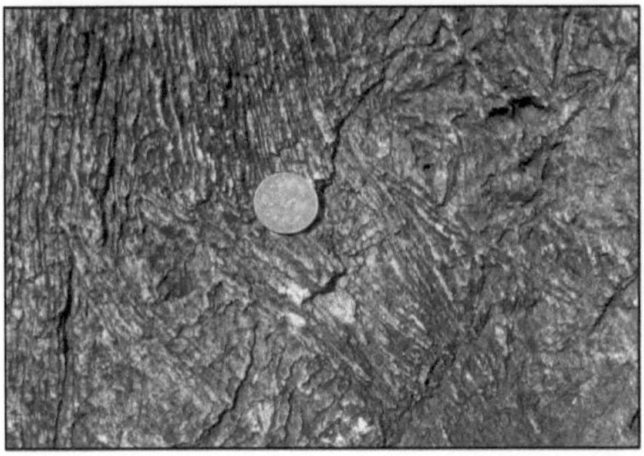

Figura 4.35 - Fotografia de campo da textura spinifex em komattite.

Capítulo - 5 Descrição megascópica

5.1 Introdução:

Durante o trabalho de campo, as rochas foram identificadas através das suas ocorrências e observações visuais. As rochas ígneas são facilmente diferenciadas das rochas sedimentares e metamórficas pela sua textura e dureza. Apresentam geralmente a orientação aleatória e a interligação dos grãos minerais constituintes. As observações megascópicas das rochas (em particular das rochas ígneas de grão médio a grosseiro) em afloramentos e em amostras de mão fornecem informações vitais sobre a sua origem.

Megascopicamente, as rochas ígneas são geralmente descritas através de: Cor, Tamanho do grão e suas relações mútuas, Texturas, Composição mineral e sua proporção, Relação de campo com outras rochas.

5.2 Descrição Megascópica:

Descrevem-se aqui as caraterísticas megascópicas de algumas das rochas ígneas de ocorrência mais comum:

1. Granito
2. Granodiorito
3. Pegmatite
4. Sienito
5. Diorite
6. Sienito de Nefelina
7. Rirolito
8. Andesite
9. Traquito
10. obsidiana
11. basalto

12 Dolerite

13 Gabro

14 Peridotite

15 Piroxenite

16 Lamprophyre

17 .Kimberlite

18 Dunite

19 Anortosite

5.2.1 Granito:

O granito é uma rocha plutónica ácida, leucocrática, de grão médio a grosseiro, saturada de sílica. O quartzo e o feldspato (tanto o feldspato alcalino como o feldspato plagioclásio) são os minerais mais abundantes nos granitos. Geralmente, os feldspatos alcalinos são mais abundantes do que os feldspatos plagioclásicos. A moscovite, a biotite, a hornblenda, a turmalina, a apatite e o rutilo são alguns minerais acessórios comuns presentes no granito. Nas amostras de mão, o granito apresenta uma textura hipidiomórfica. Também são exibidas texturas porfiríticas e gráficas onde os feldspatos alcalinos ocorrem como fenocristais. A textura Rapakivi é comum nos granitos epizonais. Estas rochas holocristalinas são geralmente formadas pela colocação e cristalização de magma em condições plutónicas. Os granitos são produzidos a partir de uma fusão magmática de temperatura comparativamente mais baixa, numa fase tardia da cristalização magmática. O arrefecimento subsolidus dos granitos é também evidente.

Figure 5.1 -Amostra de granito

5.2.2 Granodiorito:

Os granodioritos são rochas ígneas plutónicas de cor clara, faneríticas, de grão médio a grosseiro, holocristalinas. A sua composição é predominantemente constituída por quartzo, plagioclase e feldspato alcalino. Neste caso, o feldspato plagioclásio (oligoclásio a andesina) é mais abundante do que o feldspato alcalino. Os minerais acessórios incluem biotite, hornblenda, apatite, esfeno e ilmenite. Apresenta geralmente uma textura granular hipidiomórfica. Textura porfirítica exibida por fenocristais de plagioclásio. A proporção de biotite e hornblenda é maior no granodiorito do que no granito. O granodiorito ocorre como intrusões na crosta terrestre perto de zonas de subducção e acredita-se que seja formado através da fusão parcial da crosta ou através da mistura de fusão granítica com magma basáltico.

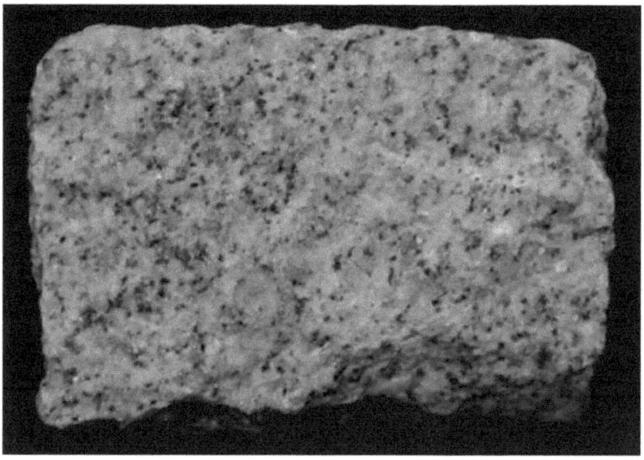

Figure 5.2 -Amostra de granodiorito

5.2.3 Pegmatite:

Os pegmatitos são rochas ígneas intrusivas, de grão muito grosseiro, que se formam na última fase da cristalização magmática, quando o magma se enriquece excecionalmente em conteúdo volátil. Os pegmatitos contêm minerais que são geralmente raros nas rochas ígneas. A composição geral é semelhante à do granito, com abundância de quartzo, feldspato e mica com cristais interligados. As texturas gráficas e de intercrescimento são comuns. Os grandes cristais resultam de magma hidratado. Como estas rochas são formadas no final da cristalização magmática e têm uma variedade de minerais, são também designadas por "rocha de lixo". Os pegmatitos são a fonte de minerais valiosos como o espodumeno (lítio) e o berilo (berílio) que raramente se encontram em concentração económica noutros tipos de rochas. São também uma boa fonte de várias pedras preciosas e, por isso, são frequentemente designadas por "bonanza".

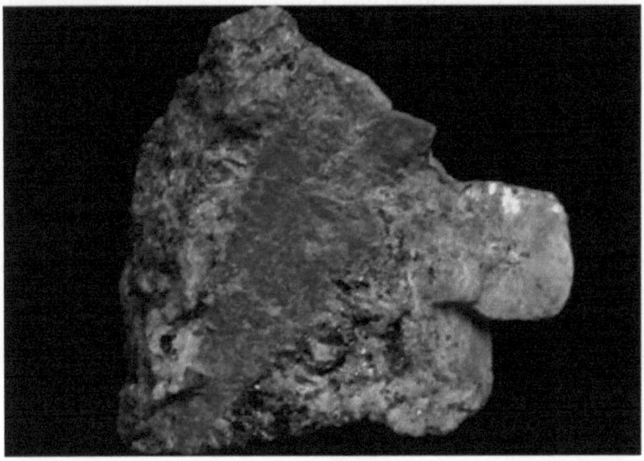

Figure 5.3 - Espécime de Pegmatite

5.2.4 Sienito:

Os sienitos são rochas plutónicas intermédias, de grão médio a grosseiro, compostas essencialmente por feldspatos alcalinos (ortoclase e microclina). O quartzo (<5%) e o feldspato plagioclásio (<10%) também estão presentes. A predominância de feldspato alcalino na rocha torna-a alcalina por natureza. A biotite e a hornblenda são os principais minerais máficos presentes nas rochas. Quando o feldspato plagioclásio está ausente, é designado por sienito de feldspato alcalino. O sienito apresenta geralmente uma textura hipidiomórfica, mas a textura porfirítica também é comum, onde os grãos de feldspato alcalino apresentam uma orientação preferencial. São também comuns as texturas perthite a meso-perthite. Estas rochas são produtos da atividade ígnea alcalina e formaram-se geralmente em zonas de crosta continental espessa. Os sienitos são o resultado do baixo grau de fusão parcial do magma granítico.

Figure 5.4 - Espécime de sienito

5.2.5 Diorito:

Os dioritos são rochas ígneas intrusivas intermédias, mesocráticas, de grão grosseiro, compostas predominantemente por feldspato plagioclásio (oligoclásio a andesina), que representa pelo menos dois terços do total de feldspato, com pequenas quantidades de feldspato alcalino, biotite, hornblenda e piroxénio. O diorito pode conter quantidades menores de quartzo. O zircão, a apatite, a titanite, a magnetite, a ilmenite e os sulfuretos ocorrem como minerais acessórios. Difere do gabro com base na composição dos feldspatos plagioclásicos, ou seja, os feldspatos do diorito são ricos em Na e pobres em Ca. A textura porfirítica é comum, onde os fenocristais são de feldspato plagioclásio. Também são comuns plagioclases zonadas. A ocorrência de diorito está geralmente associada à colocação de granito ou gabro.

Figure 5.5 - Espécime de Diorite

5.2.6 Sienito de Nefelina:

O sienito nefelínico é uma rocha ígnea plutónica, holocristalina, de grão médio a grosseiro, essencialmente rica em feldspato alcalino e nefelina. O sienito nefelínico distingue-se do sienito não só com base na presença de nefelina, mas também devido ao predomínio do feldspato ortoclásio e da lamela ex-solvida de albite, que apresenta uma textura peritítica, para além desta pequena concentração de mica, hornblenda, aegirina e magnetite. Na amostra de mão apresenta textura granular hipidiomórfica. A existência de nefelina (felspartóide) torna a sílica da rocha sub-saturada, e o quartzo permanecerá ausente. O fonolito é o equivalente extrusivo do sienito nefelínico.

Figure 5.6 - Espécime de sienito nefelínico

5.2.7 Rhyolite:

O riolito é uma rocha extrusiva, ácida e de grão fino. É o equivalente vulcânico do granito. Essencialmente composto por quartzo e feldspato alcalino. A biotite é o único mineral ferro-magnesiano presente no riolito. O teor de sílica da rocha é muito elevado, o que torna a lava riolítica mais viscosa. A mineralogia do riolito é muito semelhante à do granito. A textura do riolito varia de vítrea a apanítica e a porfirítica. No caso da textura porfirítica, os fenocristais são de feldspato alcalino (geralmente sanidina) e a massa moída é constituída por quartzo criptocristalino, ripas de feldspato alcalino e matriz vítrea. Apresenta também uma textura fluida. É frequente encontrar-se a presença de vesículas na superfície do riolito, o que resulta da rápida cristalização do magma perto da superfície terrestre.

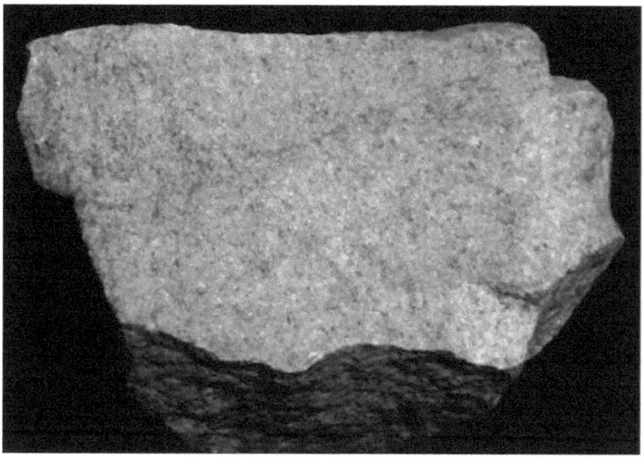

Figure 5.7 - Espécime de riolito

5.2.8 Andesite:

A andesite é uma rocha ígnea vulcânica de grão fino, geralmente de cor cinzenta clara a escura. A andesite é rica em feldspato plagioclásio (andesina) e pode conter biotite, piroxénio ou anfibólio. A proporção de SiO2 varia de 57% a 63%. Esta rocha ígnea mafálica é o equivalente vulcânico do diorito. A sua composição é intermédia entre o basalto e o granito. Os andesitos ocorrem geralmente em estreita associação com o basalto no arco insular e nas margens continentais activas. Apresenta uma textura afanítica a porfirítica. No caso da textura porfirítica, os fenocristais são de plagioclásio zonado. Por vezes, os andesitos apresentam várias tonalidades de castanho em função do seu grau de meteorização. No que respeita à origem do magma andesítico, este pode formar-se através da fusão parcial do basalto ou através da fusão da crosta na zona de subducção.

Figure 5.8 - Espécime de andesito

5.2.9 Traquite:

Os traquitos são os equivalentes vulcânicos de grão fino do sienito. Estas rochas ígneas intrusivas a extrusivas são predominantemente compostas por feldspato alcalino com uma quantidade subordinada de biotite, hornblenda, augite e plagioclase. A maior parte dos traquitos apresenta geralmente uma textura porfirítica, em que cristais euédricos de feldspato alcalino (geralmente zonados) estão embebidos na matriz de grão fino. Esta matriz de grão fino é o resultado do arrefecimento rápido da lava traquítica perto da superfície terrestre. Por vezes, os fenocristais e as ripas de feldspato alcalino de grão fino dispõem-se paralelamente ao fluxo da lava / magma, dando origem à conhecida textura traquítica. Acredita-se que estes são o produto da diferenciação magmática

Figure 5.9 - Espécime de traquito

5.2.10 Obsidiana:

As obsidianas são geralmente vidros vulcânicos de cor escura, produzidos a partir do arrefecimento rápido do material rochoso fundido. Devido à rápida taxa de arrefecimento, os iões são incapazes de se organizarem para produzir uma estrutura cristalina, pelo que o termo "mineraloide" também é frequentemente utilizado. No que respeita à composição, as obsidianas têm uma composição variada. Em geral, têm uma composição ácida a intermédia. Estão geralmente associadas à extrusão de lava félsica do vulcão, e encontram-se normalmente na margem do fluxo vulcânico, onde a viscosidade e a polimerização do magma são maiores, pelo que a difusão atómica é negligenciável, o que inibe o crescimento do cristal. A fratura concoidal é uma caraterística muito comum que se encontra na superfície da obsidiana.

Figure 5.10 - Espécime de obsidiana

5.2.11 Basalto:

Os basaltos são rochas ígneas vulcânicas extrusivas, melanocráticas, de grão fino, que são predominantemente compostas por feldspato plagioclásio e piroxénio (geralmente augite), mas é muito difícil discriminar o mineral quando visto numa amostra de mão devido ao seu tamanho muito pequeno. Os feldspatos plagioclásicos são cálcicos (de btownita a labradorita). A apatite, a magnetite e a olivina são os minerais acessórios mais comuns. São comuns as texturas porfiríticas, de intercrescimento e hipidiomórficas. No caso de texturas porfiríticas, os fenocristais são de plagioclásio ou piroxénio, dependendo da composição do magma. São comuns os plagioclases zonados. Os basaltos são as rochas mais abundantes e amplamente distribuídas na superfície terrestre. O ambiente adequado para a formação do basalto inclui a fronteira divergente oceânica, os pontos quentes e a pluma mantélica. A estrutura vescicular ou amigdoloidal com preenchimento secundário de minerais como o quartzo e a zeólita também é encontrada em muitos afloramentos.

Figure 5.11 - Espécime de basalto

5.2.12 Dolerite:

Os doleritos são rochas ígneas intrusivas melanocráticas, de grão médio e hipabissais, que ocorrem geralmente como diques e soleiras dentro da formação rochosa pré-existente. Estas rochas são predominantemente compostas por ripas de plagioclásio euédrico (geralmente labradorite) dentro de uma matriz de granulometria fina de clinopiroxénio (augite) com pequenas quantidades de olivina, hiperstênio, ilmenite e magnetite. Outros minerais acessórios incluem hornblenda, biotite, apatite, etc. Em termos de composição, o equivalente vulcânico da dolerite é o basalto, enquanto o equivalente plutónico é o gabro. As texturas ofíticas a subofíticas são as caraterísticas da rocha dolerítica. O intercrescimento de minerais pode ser facilmente observado em amostras de mão. O magma basáltico, ao mover-se para a superfície da terra, intruduziu a rocha do país ao longo dos planos fracos e solidificou-se, produzindo a dolerite. A taxa intermédia de arrefecimento produz rochas de grão médio.

Figure 5.12 - Espécime de dolerite

5.2.13 Gabro:

Os gabros são rochas ígneas básicas, plutónicas, de grão grosseiro. São essencialmente compostos por feldspato plagioclásio (geralmente labradorite e bytownite), clino-piroxénios (augite e diopsídio) e orto-piroxénios (hiperstênio ou bronzite) com uma pequena quantidade de olivina e magnetite ou ilmenite acessória. Quando o magma basáltico cristaliza em condições de profundidade sob uma taxa de arrefecimento lenta, produz gabro. Texturalmente, o intercrescimento de plagioclásio e piroxénios é comum. A plagioclase geralmente apresenta zonação. A cor do gabro varia de mesocrática a melanocrática e depende da proporção de minerais máficos e félsicos. Com base na mineralogia, trata-se de rochas máficas, com pouca sílica. Apresentam geralmente uma estrutura estratificada e, por vezes, uma alternância de camadas claras (ricas em plagioclases) e escuras (ricas em minerais máficos).

Figure 5.13 -Amostra de Gabro

5.2.14 Peridotite:

Os peridotitos são rochas ígneas plutónicas de grão grosseiro, melanocráticas, ultramáficas, compostas predominantemente por olivina (> 40%) e ocorrem frequentemente com outros minerais máficos como piroxénio, anfibólios, cromite e óxidos de ferro. Contém uma proporção muito reduzida de feldspato. O peridotito tem várias variedades ultramáficas, como o harzburgito (predominantemente composto por olivina e ortopiroxénio, com uma pequena quantidade de espinélio e granada), o wehrlito (predominantemente composto por olivina e clinopiroxénio, com uma pequena quantidade de hornblenda) e o lherzolito (contém olivina com uma quantidade significativa de ortopiroxénio e clinopiroxénio). Os peridotitos são as rochas dominantes da parte superior do manto terrestre. Em termos de textura, são rochas equigranulares que apresentam normalmente estratificação. A alteração da olivina em serpentina é comum nos peridotitos.

Figure 5.14 - Espécime de peridotite

5.2.15 Piroxenite:

A piroxenite é uma rocha ígnea plutónica ultramáfica de cor escura, de grão grosseiro, composta essencialmente por piroxénio e olivina (< 40%). O teor de piroxénio é superior ao de olivina. Hornblenda, biotite, calcário-plagioclásio e óxidos de ferro são alguns minerais acessórios comuns. Se consistir tanto em ortopiroxénio como em clinopiroxénio, a rocha é designada por Websterite, Ortopiroxenite (se > 90% de ortopiroxénio) e Clino-piroxenite (se > 90% de clinopiroxénio). A nível textural, apresentam texturas panidiomórficas a hipidiomórficas. Estas rochas são altamente susceptíveis de alteração metassomática e de meteorização. Estão normalmente associadas a gabros, noritos e peridotitos.

Figure 5.15 -Espécime de piroxenite

5.2.16 Lamprophyre:

Os lamprofiros são rochas ígneas intrusivas mesocráticas a melanocráticas, hipabissais, ultrapotássicas. O lamprófiro foi classificado numa variedade de rochas com base nos constituintes minerais. Mineralogicamente, estas rochas são de natureza máfica a ultramáfica. Do ponto de vista químico, trata-se de rochas insaturadas de sílica com elevada concentração de ferro, magnésio e álcalis. Os lamprófiros ocorrem habitualmente como diques e pequenos fragmentos no interior de grandes massas de granitos e dioritos, bem como sob a forma de soleiras. As texturas mais comuns preservadas nestas rochas são porfiríticas e panidiomórficas. Os minerais mais comuns presentes nestas rochas são a biotite, a hornblenda, a augite, a olivina, a plagioclase, os feldspatóides, a apatite, os carbonatos, etc. Acredita-se que as rochas lamprófitas se cristalizaram a partir de um derretimento geralmente rico em álcalis e voláteis, que derivou do magma primário.

Figure 5.16 - Espécime de Lamprophyre

5.2.17 Kimberlito:

Os kimberlitos são o grupo especial de rochas ígneas intrusivas, inequigranulares e ultramáficas, que são predominantemente tratadas como hospedeiras de diamantes. Os kimberlitos são normalmente encontrados como diatremes, tubos, diques e soleiras. Petrograficamente, são rochas complexas e híbridas, uma vez que contêm xenólitos ou megacristais de rochas derivadas do manto. Mineralogicamente, estas rochas são ricas em minerais ferromagnesianos como a olivina e o piroxénio. Outros minerais importantes são a granada, a cromite, a ilmenite, a flogopite, a calcite, etc. Em termos de textura, os grandes minerais fenocristalinos estão inseridos numa matriz de grão fino. Presume-se que o magma kimberlítico seja originado a grande profundidade (> 10 km), o que sugere uma fonte de pluma mantélica. Acredita-se que o kimberlito é produto do magmatismo explosivo intraplaca continental, que geralmente ocorre no Cráton Arqueano.

Figure 5.17 - Espécime de kimberlito

5.2.18 Dunite:

A dunite é uma rocha ígnea plutónica ultramáfica, mono-mineral, com sílica sub-saturada, composta predominantemente por olivina (>90%). É um membro do grupo de rochas peridotitas. Para além da olivina, outros minerais importantes presentes na dunite em pequenas quantidades são o piroxénio, a cromite, o espinélio, a magnetite, o pirope, etc. A presença de olivina dá um aspeto verde azeitona à rocha. Estas rochas formam-se a temperaturas e pressões extremamente elevadas, nas profundezas da crosta terrestre. Nos espécimes de mão, a dunite exibe normalmente uma textura granular hipidiomórfica. Como a rocha é muito ingénua à meteorização, são extremamente raras na superfície da terra. Na crosta terrestre estão normalmente associados a sequências de ofiolitos e intrusões ultramáficas estratificadas.

Figure 5.18 -Espécime de Dunite

5.2.19 Anortosite:

O anortosito é uma rocha ígnea plutónica, leucocrática, mono-mineral, composta predominantemente por feldspato plagioclásio (>90%) com uma quantidade muito reduzida de minerais máficos (piroxénio, olivina e hornblenda). O feldspato plagioclásio no anortosito varia de labradorite a anortite. Os anortositos encontram-se geralmente associados a gabro e norite. De acordo com as ocorrências de campo, o anortosito foi agrupado em duas categorias distintas, ou seja, tipo maciço e tipo estratificado. Em termos de textura, são de grão grosseiro e apresentam uma textura hipidiomórfica a alotriomórfica. Acredita-se que a maioria dos anortositos se formou durante o período pré-cambriano através do processo de diferenciação magmática.

Figure 5.19 - Espécime de anortosite

Capítulo - 6 Descrição microscópica

6.1 Introdução:

O exame microscópico é um passo importante para a identificação de rochas ígneas e é uma parte essencial da petrografia. É muito importante sobretudo para as rochas de grão fino de origem vulcânica. Ajuda-nos a determinar as relações entre os grãos, bem como a identificar as texturas das rochas. As várias caraterísticas estão normalmente presentes na rocha em muito pequena escala e não podem ser identificadas a olho nu. Para este efeito, utilizam-se secções finas da rocha para examinar ao microscópio polarizado em duas condições diferentes:

1. Sob luz polarizada plana
2. Na condição de Cross Nicol

Com a ajuda de estudos microscópicos, a ordem correta de cristalização do mineral a partir da fusão pode ser acedida com precisão e a petrogénese das rochas pode ser estabelecida.

6.2 Descrição microscópica:

Descrevem-se aqui as caraterísticas microscópicas de algumas das rochas ígneas de ocorrência mais comum:

1. Granito
2. Granodiorito
3. Pegmatite
4. Sienito
5. Diorite
6. Sienito de Nefelina
7. Rirolito
8. Andesite
9. Traquito
10. Obsidiana
11. Basalto

12. Dolerite

13. Gabro

14. Peridotite

15. Piroxenite

16. Lamprophyre

17. Kimberlito

18. Dunite

19. Anortosite

6.2.1Granito:

O granito é uma rocha ígnea plutónica de composição ácida, de grão médio a grosseiro. Os minerais essenciais são o quartzo e os feldspatos, onde o feldspato alcalino contribui mais do que o feldspato plagioclásio. A muscovite, a biotite, a hornblenda e a apatite são minerais acessórios comuns. O intercrescimento entre quartzo e feldspato é comum. Pode também desenvolver-se perthite - anti-perthite. Por vezes, a textura porfirítica é mostrada onde os fenocristais de feldspato estão espalhados.

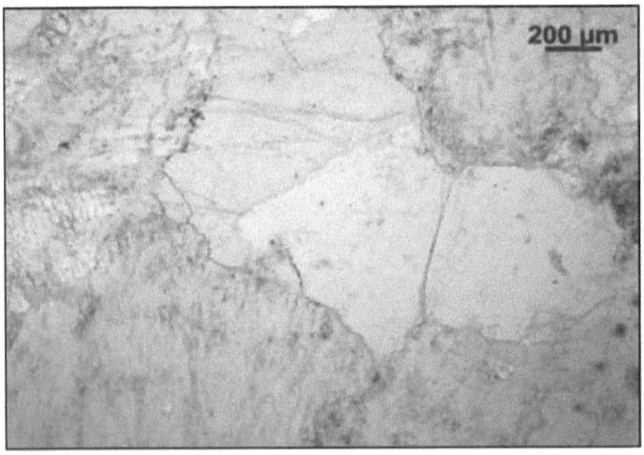

(a) Sob luz polarizada plana

(b) Na condição de Cross Nicol

Figura 6.1 - Fotomicrografia de uma rocha granítica.

6.2.2 Granodiorito:

Os granodioritos são rochas ígneas ácidas de grão médio a grosseiro, cuja composição é semelhante à do granito. No granodiorito, o feldspato plagioclásio (geralmente oligoclásio a andesina) é mais abundante do que o feldspato alcalino. A biotite, a hornblenda, a apatite, o esfeno e a ilmenite são minerais acessórios comuns. As texturas são quase semelhantes às dos granitos. A textura meimacítica é mais comum no granodiorito.

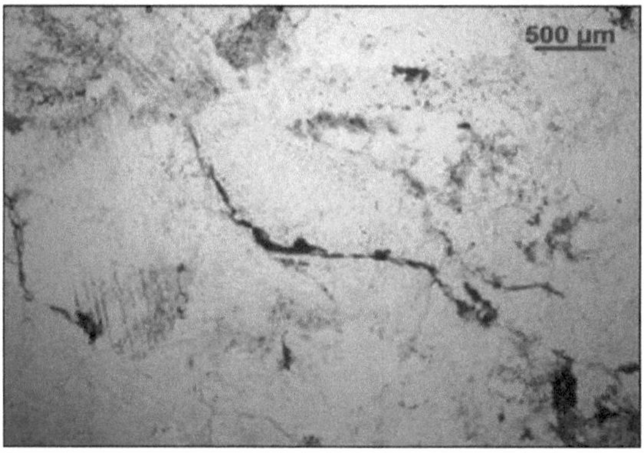

(a) Sob luz polarizada plana

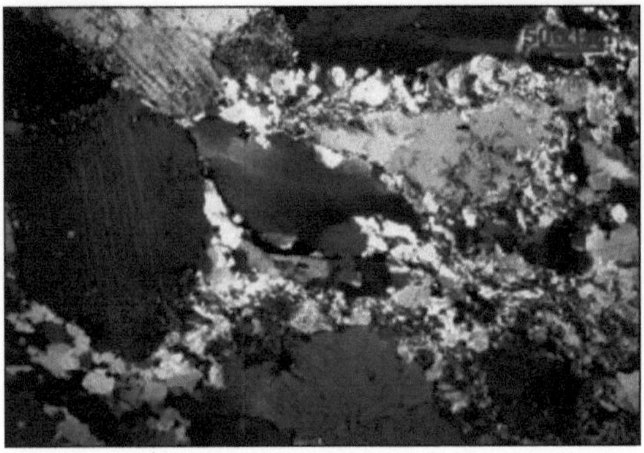

(b) Na condição de Cross Nicol

Figura 6.2 - Fotomicrografia de rocha granodiorítica.

6.2.3 Pegmatite:

Os pegmatitos são rochas ígneas intrusivas de grão muito grosseiro que se cristalizam a partir de uma solução hidrotermal rica em voláteis no final da cristalização magmática. A sua composição é muito semelhante à do granito. As texturas poiquílicas, de intercrescimento e gráficas são normalmente exibidas pelos pegmatitos.

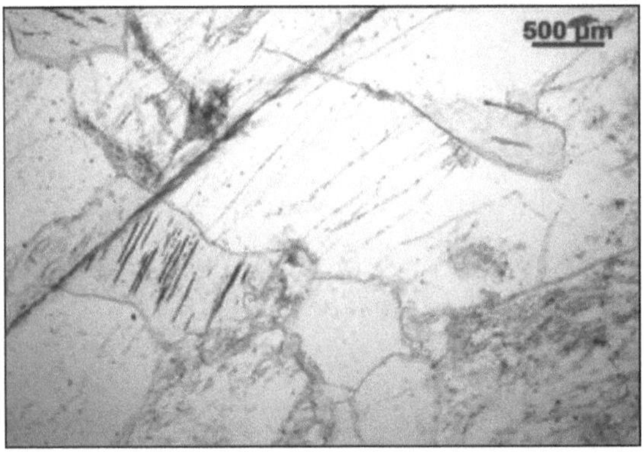

(a) Sob luz polarizada plana

(b) Na condição de Cross Nicol

Figura 6.3 - Fotomicrografia de rocha pegmatítica.

6.2.4 Sienito:

A sienite é uma rocha ígnea plutónica, félsica, de grão médio a grosseiro, constituída predominantemente por feldspato alcalino (ortoclase e microclina) com uma pequena quantidade de quartzo. Cliono-pryoxene, hornblenda e biotite podem ocorrer como minerais acessórios. No sienito, os feldspatos alcalinos são mais abundantes do que a plagioclase. As texturas hipidiomórficas, porfiríticas, pertitas a meso-pertitas estão também frequentemente associadas à sienite.

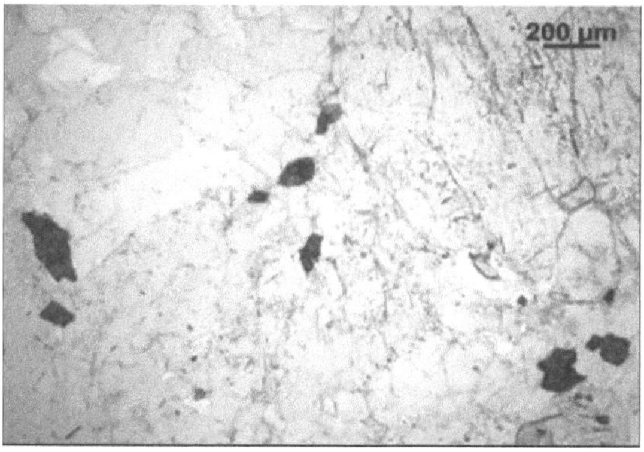

(a) Sob luz polarizada plana

(b) Na condição de Cross Nicol

Figura 6.4 - Fotomicrografia de rocha sienítica.

6.2.5 Diorito:

O diorito é uma rocha ígnea plutónica de grão médio a grosseiro, essencialmente constituída por plagioclase andesina e um ou mais minerais máficos como clinopiroxeno, ortopiroxeno, hornblenda, ilmenite e biotite com uma pequena quantidade de quartzo. Alguns dioritos podem também conter uma pequena quantidade de olivina. São comuns as ripas de plagioclásio geminadas e zonadas. Os dioritos apresentam geralmente uma textura granular hipidiomórfica.

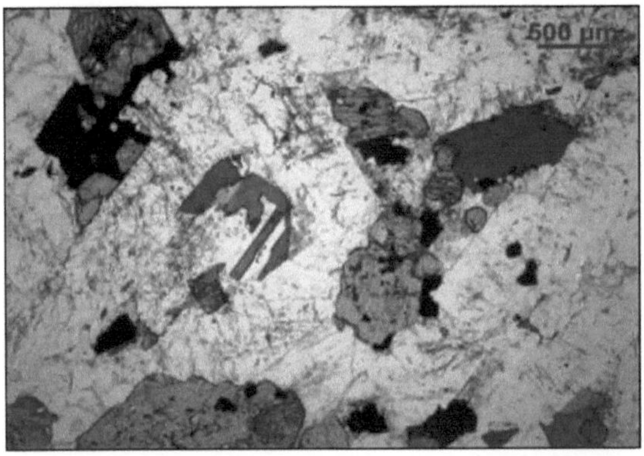

(a) Sob luz polarizada plana

(b) Na condição de Cross Nicol

Figure 6.5 - Fotomicrografia de uma rocha diorítica.

6.2.6 Sienito de Nefelina:

O sienito nefelínico é uma rocha ígnea plutónica, félsica, de grão médio a grosseiro, deficiente em sílica. Os principais constituintes minerais são feldspatos alcalinos (ortoclase e sanidina) com pequenas quantidades de anfibólio alcalino, piroxénio alcalino e magnetite. A presença de nefelina e a ausência de quartzo tornam a sílica da rocha sub-saturada. Estão geralmente presentes texturas hipidiomórficas granulares e pertitas a anti-pertitas.

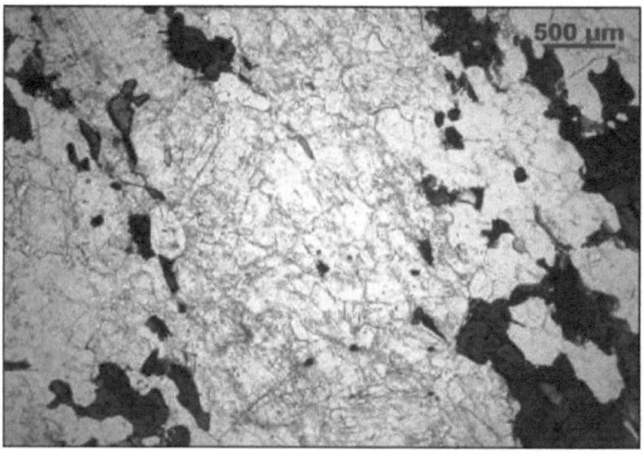

(a) Sob luz polarizada plana

(b) Na condição de Cross Nicol

Figure 6.6 - Fotomicrografia de rocha sienítica nefelínica.

6.2.7 Rhyolite:

O riolito é uma rocha vulcânica ácida de grão fino, essencialmente constituída por quartzo e feldspato alcalino. Na secção fina, o quartzo pode ser identificado pela sua extinção ondulada e baixo relevo. O riolito apresenta geralmente textura porfirítica, onde os fenocristais são de feldspatos alcalinos (sanidina) e quartzo. Estes estão inseridos numa massa de grão fino e/ou vítrea constituída por quartzo, pequenas ripas de feldspatos alcalinos e minerais opacos.

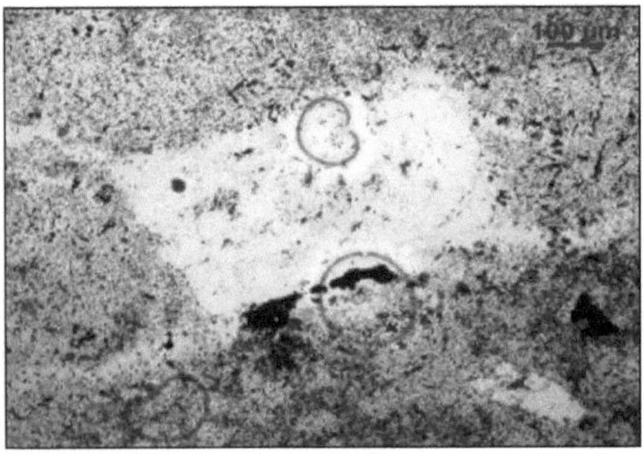

(a) Sob luz polarizada plana

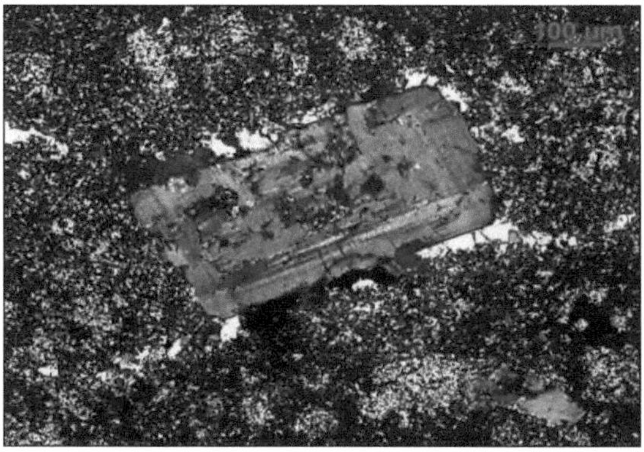

(b) Na condição de Cross Nicol

Figure 6.7 - Fotomicrografia de uma rocha riolítica.

6.2.8 Andesite:

A andesite é um equivalente vulcânico do diorito, de grão fino. A sua composição é análoga à do diorito. A andesite apresenta geralmente uma textura porfirítica, em que os fenocristais são de plagioclase (geralmente andesina) inseridos numa massa fina de plagioclase, piroxénio, biotite, opacos e vidro. A zonação dos fenocristais é comum. Por vezes, a massa de solo apresenta arranjos sub-paralelos de grãos devido ao fluxo da massa fundida durante a cristalização.

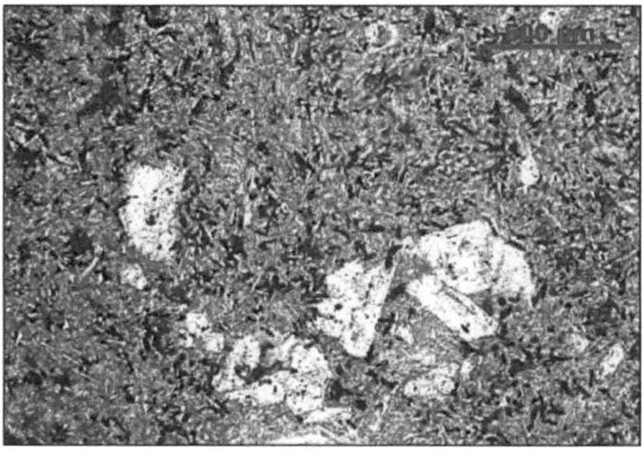

(a) Sob luz polarizada plana

(b) Na condição de Cross Nicol

Figure 6.8 - Fotomicrografia de uma rocha andesita.

6.2.9 Traquite:

O traquito é um equivalente vulcânico do sienito, de grão fino, félsico. As texturas porfirítica e traquítica são caraterísticas desta rocha. Os fenocristais são constituídos por feldspato sódico e alcalino (sanidina), bem como, ocasionalmente, por piroxénio. Outros minerais ferro-magnesianos são a hornblenda, a biotite e os óxidos de ferro. O quartzo ou a nefelina podem também estar presentes em pequenas quantidades como massa moída. A disposição subparalela das ripas de feldspato na massa moída sugere o fluxo da massa fundida.

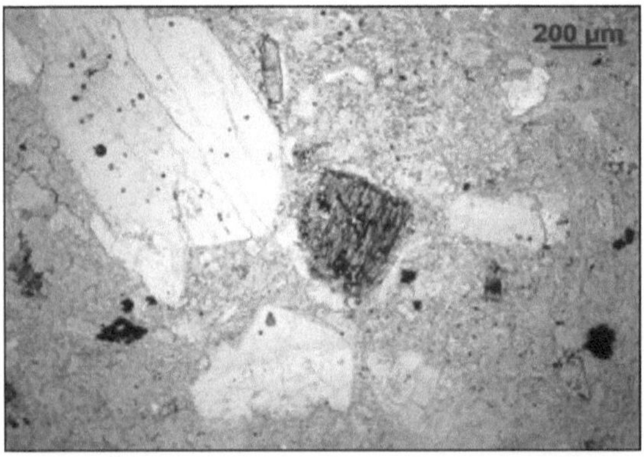

(a) Sob luz polarizada plana

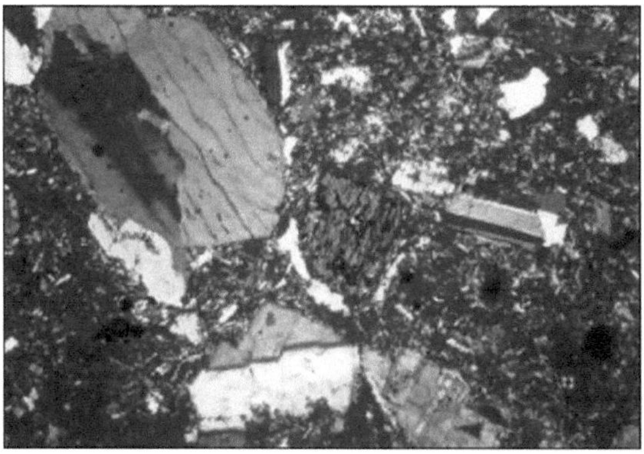

(b) Na condição de Cross Nicol

Figure 6.9 - Fotomicrografia de rocha traquítica.

6.2.10 Obsidiana:

Os obsidianos são rochas naturais de cor escura, constituídas por material criptocristalino e vidro. A sua composição é de ácida a intermédia. Devido ao material vítreo, aparece escuro em condições de nicol cruzado. Em secções finas são comuns as fissuras perlíticas.

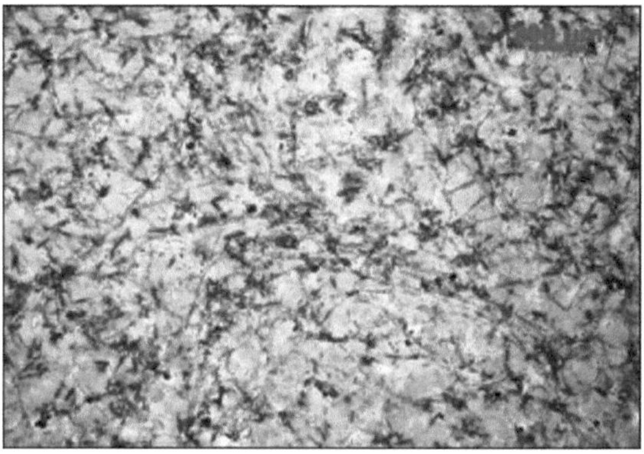

(a) Sob luz polarizada plana

(b) Na condição de Cross Nicol

Figura 6.10 - Fotomicrografia de uma rocha obsidiana.

6.2.11 Basalto:

O basalto é uma rocha extrusiva de composição básica, de grão fino. É o equivalente vulcânico do dolerito e do gabro. O basalto é essencialmente composto por feldspato plagioclásio (labradorite a bytownite) e clinopiroxénio (augite) com opacos e ocasionalmente olivina. São comuns as texturas hipidiomórficas granulares, porfiríticas, intergranulares, intersertal e subofíticas. No caso dos fenocristais, os cristais de plagioclásio zonados são óbvios.

(a) Sob luz polarizada plana

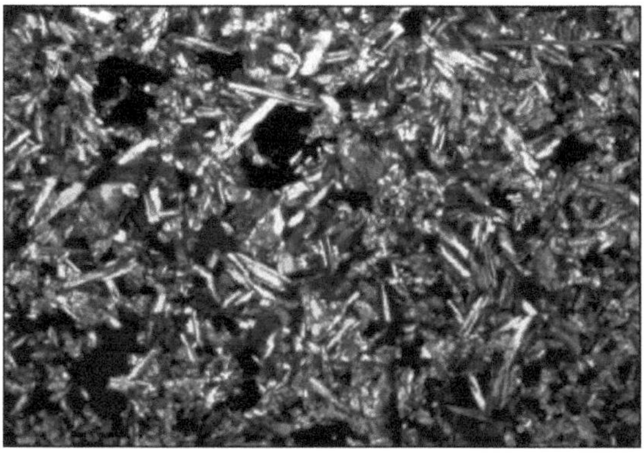

(b) Na condição de Cross Nicol

Figure 6.11 - Fotomicrografia de rocha basáltica.

6.2.12 Dolerite:

A dolerite é uma rocha intrusiva básica de grão médio constituída por plagioclase, piroxénio e óxidos de ferro. A labradorite é o feldspato plagioclásio dominante, enquanto a augite é o piroxénio principal. A textura ofítica a subofítica é a textura caraterística da dolerite. Por vezes, são também evidentes texturas intergranulares e porfiríticas. A olivina também está presente ocasionalmente nas rochas. A plagioclase apresenta uma orientação aleatória.

(a) Sob luz polarizada plana

(b) Na condição de Cross Nicol

Figure 6.12 - Fotomicrografia de rocha dolerítica.

6.2.13 Gabro:

O gabro é uma rocha plutónica de grão grosso, composta essencialmente por augite e plagioclase de composição labradorítica ou mais cálcica, ou seja, equivalente ao basalto e ao dolerito. Outros minerais incluem ortopiroxénio, pigeonite, olivina e óxidos de ferro. Tanto a plagioclase como o piroxénio apresentam zonagem e geminação. As texturas ofíticas a subofíticas são geralmente observadas na rocha.

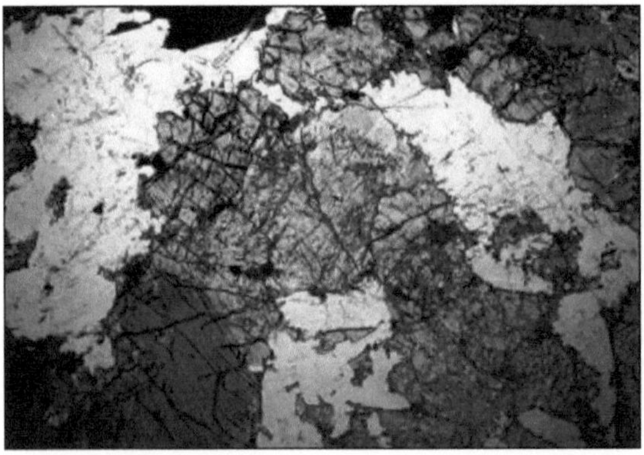

(a) Sob luz polarizada plana

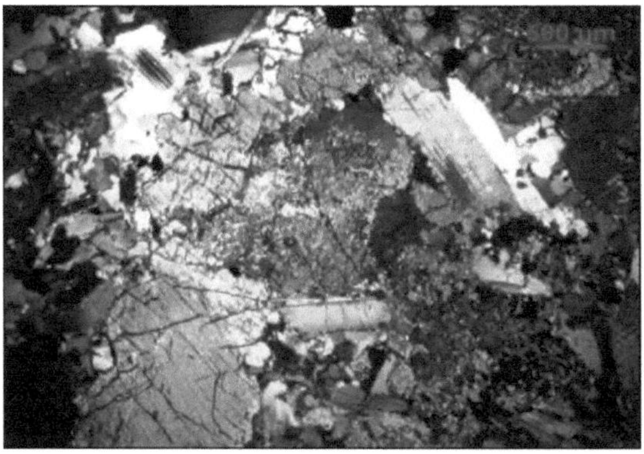

(b) Na condição de Cross Nicol

Figure 6.13 - Fotomicrografia de uma rocha gabro.

6.2.14 Peridotite:

Os peridotitos são rochas ultramáficas de grão grosso, essencialmente compostas por olivina e piroxénio. A olivina é mais abundante do que o piroxénio. Os minerais acessórios comuns incluem hornblenda, plagioclase, serpentina, cromite, magnetite e espinélio. A textura granular hipidiomórfica é comummente exibida pelos peridotitos. É frequente a alteração da olivina em serpentina ao longo das fissuras.

(a) Sob luz polarizada plana

(b) Na condição de Cross Nicol

Figure 6.14 - Fotomicrografia de uma rocha peridotita.

6.2.15 Piroxenite:

A piroxenite é uma rocha ígnea ultramáfica, de grão grosseiro, constituída principalmente por piroxénio (tanto ortopiroxénio como clino-piroxénio) e olivina. Aqui os piroxénios são mais do que a olivina. Os minerais acessórios incluem plagioclase, espinélio, hornblenda, biotite e, ocasionalmente, nefelina. A textura granular hipidiomórfica é comum. Os piroxénios zonados também são comuns.

(a) Sob luz polarizada plana

(b) Na condição de Cross Nicol

Figura 6.15 - Fotomicrografia de rocha piroxenítica.

6.2.16 Lamprophyre:

O lamprófiro é uma rocha ultra-potássica, intrusiva. Apresenta texturas granulares panidiomórficas e porfiríticas. A biotite, hornblenda, Ti-augite e olivina ocorrem como fenocristais euédricos, bem como em massas de grão fino. Outros minerais importantes são a melilite, a clorite, a serpentina e, ocasionalmente, o feldspato. A alteração é muito comum nos lamprofiros.

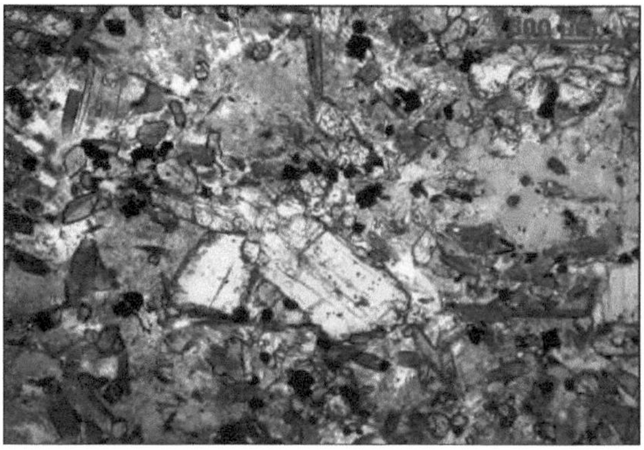

(a) Sob luz polarizada plana

(b) Na condição de Cross Nicol

Figura 6.16 - Fotomicrografia de rocha Lamprophyre.

6.2.17 Kimberlito:

O kimberlito é uma rocha ultramáfica, inequigranular, constituída por fenocristais de olivina, flogopite, ilmenite, diopsídio e pirope, inseridos numa massa de grão fino de olivina, flogopite, serpentina, calcite, clorite, magnetite, apatite e perovskite. As olivinas são geralmente de contorno arredondado e alteram-se frequentemente para serpentina, com os bordos de serpentina microcristalina. Os fragmentos líticos derivados do manto são comuns como xenólitos em kimberlitos.

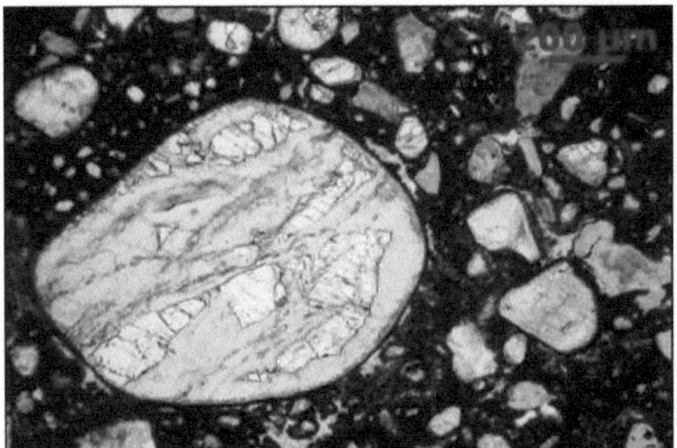

(a) Sob luz polarizada plana

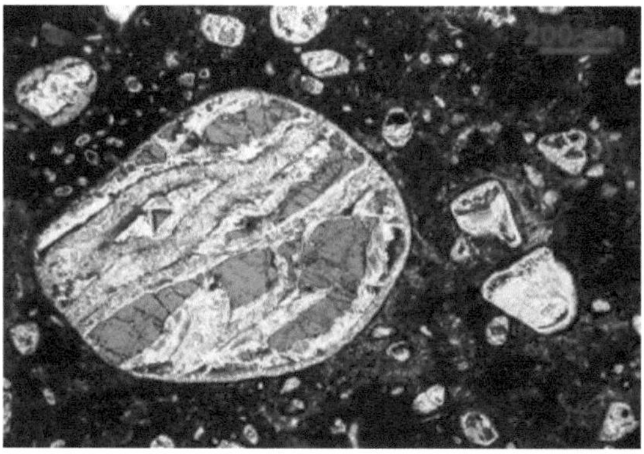

(b) Na condição de Cross Nicol

Figura 6.17 - Fotomicrografia de rocha kimberlítica.

6.2.18 Dunite:

A Dunite é uma rocha ultramáfica mono-mineral do grupo dos peridotitos. É essencialmente composta por mais de 90% de olivina com pequenas quantidades de cromite, piroxénio e espinélio. Apresenta textura granular. A alteração da olivina em serpentina é comum ao longo das fissuras da olivina.

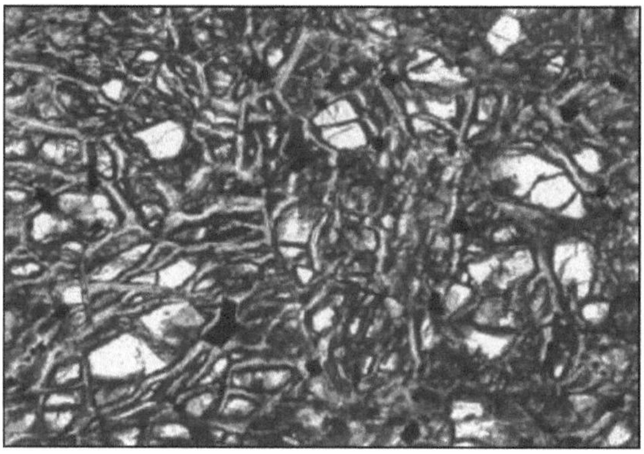

(a) Sob luz polarizada plana

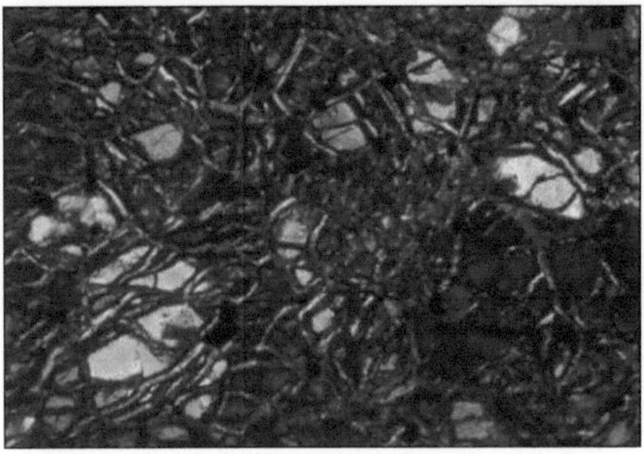

(b) Na condição de Cross Nicol

Figura 6.18 - Fotomicrografia de rocha Dunite.

6.2.19 Anortosite:

A anortosite é uma rocha ígnea plutónica mono-mineral, constituída predominantemente por mais de 90% de feldspato plagioclásio (geralmente labradorite a anortosite), estando também presente uma pequena proporção de piroxénio, olivina e opacos. A plagioclase apresenta geralmente geminação lamelar com entrelaçamento dos grãos. Por vezes, as ripas de plagioclásio apresentam uma orientação preferencial.

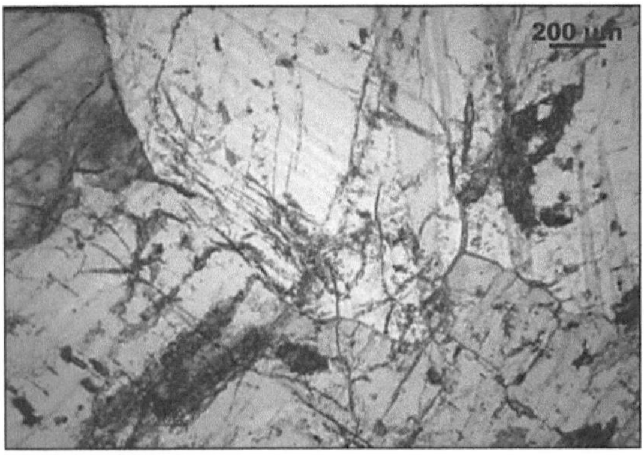

(a) Sob luz polarizada plana

(b) Na condição de Cross Nicol

Figura 6.19 - Fotomicrografia de rocha anortosítica.

Apêndice - 1 Determinação da proporção modal do mineral na rocha

Para determinar o nome de qualquer rocha ígnea, é essencial a determinação da proporção modal dos constituintes minerais presentes nas rochas. A classificação mineralógica das rochas ígneas baseia-se principalmente na proporção de minerais presentes na rocha, tanto em amostras de mão como em secções finas.

Método:

1. Existem diferentes métodos para a determinação da proporção modal dos minerais.
2. A determinação da proporção modal é conseguida de forma mais precisa através do exame microscópico com contador automático de pontos.
3. No entanto, tanto no campo como nos espécimes de mão, é normalmente efectuado manualmente com a ajuda de um gráfico de estimativa visual.
4. Pegue numa folha de decalque e desenhe um quadrado de 5 cm x 5 cm.
5. Colocar esta folha sobre a superfície lisa da rocha, de modo a que a parte representativa da rocha seja visível.
6. Selecionar cuidadosamente a área, como mostra a figura.

Figura - Seleção da área para análise modal.

7. Identificar os minerais e determinar a proporção modal de cada mineral dentro da área específica, fazendo a correspondência com o gráfico.

8. Calcular a proporção modal de cada mineral relativamente à área total da superfície da amostra no interior do quadrado.

9. Repetir este processo em vários pontos da amostra.

10. Descobrir a média.

Tabela - Para registar as observações.

Número do local	**Minerais (em %)**				
	A	**B**	**C**	**D**	**E**
1					
2					
3					
4					
5					
Média					

Bibliografia

1. Best, M. G., (2002): Igneous and Metamorphic Petrology, Segunda Edição, *Wiley-Blackwell, EUA*

2. Bose, M. K.(1997): Igneous Petrology, *The World Press Private Limited, Kolkata*. pp. 63-120

3. Cross, C. W., Iddings, J. P., Pirsson, L. V., e Washington, H. S., (1902), A quantitative chemico-mineralogical classification and nomenclature of Igneous Rocks. *J. Geol.,*10, pp. 550-590

4. Gill, R., (2010): Igneous Rocks and Processes - A practical Guide, *Wiley- Blackwell, USA*

5. Hatch, F. H., Well, A. K., Well, M. K. (1984): Petrology of Igneous Rocks, *CBS Publisher and Distributers, New Delhi*

6. Holmes, A., (1917): A mineralogical classification of Igneous Rocks", *Geol. Mag.,* 4, pp.115-130

7. https://sites.google.com/site/mrpenaclevelandhs/igneous-rock-table.

8. Subcomissão da IUGS sobre a sistemática das rochas ígneas, (1973): Classificação e Nomenclatura das Rochas Plutónicas Recomendação. *Neues. Jahrb. Miner. Abh., H.* 4, pp.149-164

9. Le Bas, M. J. e Streckeisen, A. L. (1991): The IUGS systematics of Igneous Rocks, *J. Geol. Soc, Lond,* 148, pp. 825-833

10. Mackenzie,W. S., Adams, A. E. (2011): A colour Atlas of Rocks and Minerals in thin section, *John Wiley and Sons ,USA*

11. Maitre, R. W. L., Streckeisen, A., Zanettin, B., Bas, M. J. L., Bonin, B., Bateman, P., Bellieni, G., Dudek, A., Efremova, S., Keller, J., Lamere, J., Sabine, P. A., Schmid, R., Sorensen, H. e Wolley, A. R. (2002): Igneous Rocks, A classification and Glossary of Terms, *Cambridge University Press, New York*

12. Niggli, P., (1936): Die Magmatypen., Schweiz. *Mineral.Petr. Mitt.,*16

13. Philpotts, A. R., (2015): Petrography of Igneous and Metamorphic Rocks, *CBS*

Publishers & Distributers, New Delhi

14. Shand, S. J., (1913): On Saturated and Undersaturated Igneous Rocks, *Geol. Mag.,*10, pp. 508-514

15. Winter, John. D. (2001): Uma introdução à Petrologia Ígnea e Metamórfica, Segunda Edição, *Pearson Prectice Hall Inc.*

16. Winter, John. D. (2010): Princípios de Petrologia Ígnea e Metamórfica, Segunda Edição, *Pearson Prectice Hall.*

MIX
Papier aus verantwortungsvollen Quellen
Paper from responsible sources
FSC® C105338

Printed by Books on Demand GmbH, Norderstedt / Germany